电力系统低频振荡预警与
广域阻尼信号优化控制

STUDY ON LOW FREQUENCY OSCILLATION EARLY WARNING IN POWER SYSTEM
AND OPTIMAL CONTROL OF WIDE-AREA DAMPING SIGNAL

于 淼 著

U0363518

知识产权出版社
全国百佳图书出版单位
—北京—

图书在版编目（CIP）数据

电力系统低频振荡预警与广域阻尼信号优化控制/于淼著. —北京：知识产权出版社，2023.1

ISBN 978-7-5130-8419-2

Ⅰ.①电… Ⅱ.①于… Ⅲ.①电力系统—振荡—分析方法—研究②电力系统—阻尼器—研究 Ⅳ.①TM76

中国版本图书馆 CIP 数据核字（2022）第 197488 号

责任编辑：张 冰   责任校对：谷 洋

封面设计：杰意飞扬·张悦   责任印制：孙婷婷

电力系统低频振荡预警与广域阻尼信号优化控制
于 淼 著

出版发行：	知识产权出版社 有限责任公司	网　址：	http://www.ipph.cn
社　址：	北京市海淀区气象路 50 号院	邮政编码：	100081
责编电话：	010-82000860 转 8024	责编邮箱：	7406668504@qq.com
发行电话：	010-82000860 转 8101/8102	发行传真：	010-82000893/82005070/82000270
印　刷：	北京九州迅驰传媒文化有限公司	经　销：	新华书店、各大网上书店及相关专业书店
开　本：	787mm×1092mm　1/16	印　张：	5.75
版　次：	2023 年 1 月第 1 版	印　次：	2023 年 1 月第 1 次印刷
字　数：	105 千字	定　价：	49.00 元

ISBN 978-7-5130-8419-2

出版权专有　侵权必究

如有印装质量问题，本社负责调换。

前　言

随着我国科技的不断发展和进步，对电力系统稳定性的要求也在不断提高。从电力供应稳定性、能源清洁性、能源传输的广域性以及高压和特高压电网的发展来看，影响电力系统安全稳定运行的主要问题是电力系统阻尼过低引起的低频振荡问题。实现电力系统广域稳定控制的前提是能够提供广域测量系统中的控制信号，而在广域系统中包含有效信号、无效信号和噪声信号，信号数量庞大且种类繁多，并且信号传输在一定程度上存在通信时滞，若不能及时反映系统状态并作出系统保护措施，会给电力系统广域阻尼控制带来严重的影响和危害。同时，由于广域阻尼控制器也会受时滞等因素的影响，各地的一次设备也需要进行优化。因此，本书针对当前的几个研究热点问题进行深入研究，分别为电力系统低频振荡预警、广域测量系统控制信号的优化选择、电力系统广域时滞补偿以及广域阻尼控制器优化设计问题。

第一，低频振荡预警已成为电力系统稳定性研究的重要问题。针对目前低频振荡预警策略存在数据量小、识别精度低等问题，本书提出一种基于关键特征广域降维数据 Vinnicombe 距离的电力系统低频振荡幅值预警指标识别方法，该方法首先对相量测量装置采集的原始大数据进行筛选与降维预处理，提取关键特征数据，生成低频振荡幅值预警指标需要的初始特征量矩阵；然后通过对电力系统监控终端节点和各节点之间的区域进行编号，确定区域关联关系与对应的关联值，生成网络关联多特征向量状态检测矩阵；再结合 Vinnicombe 距离计算传递函数距离，判断是否发生低频振荡，并有效提高低频振荡幅值预警识别精度；最后通过 10 机 39 节点新英格兰系统验证本书提出方法的正确性与有效性。

第二，本书考虑广域测量系统控制信号在系统控制中的有效性问题，重点研究相量测量装置输入控制器的激励信号选择优化问题。首先建立电力系统广域闭环模型，提出一种基于核矩阵和卡尔曼滤波优化相结合的信号选择方法，该方法通过核矩阵的方式降维并通过核函数对信号进行选择，借助卡尔曼滤波器对选择出的有效信号进行优化；然后主要对电流、电压及频率三种信号进行优化分析；最后以四机两区系统模型为例进行算例仿真，将优化选择后的信号与未经优化的原始信号进行对比，优化后的信号可以有效地抑制低频振荡，保证电力系统的稳定。

第三，在基于电力系统广域信号优化选择后，考虑电力系统在实际运行中存在的随机通信时滞问题。针对时滞补偿问题，首先建立广域系统时滞模型；然后基于数学模型 t 分布和改进 Prony 方法，提出一种基于随机时滞的预测补偿方法，并给出该方法实现的完整步骤，该方法把时滞分割与预测补偿问题结合在一起，经过标准补偿效果评价指标可以得到一段时间内的时滞补偿数据并最终传输至控制器；最后，借助传统四机两区模型算例仿真，与传统 Smith 补偿方法进行对比，控制效果提高了 20% 左右。

第四，本书基于广域信号的优化选择和时滞补偿，考虑电力系统稳定器的优化设计问题。首先建立广域时滞系统模型；然后提出基于 ε-权衡"阻尼-时滞"的方法，权衡广域阻尼控制器参数可以更加全面地协调阻尼与时滞对控制器的影响；最后通过四机两区模型进行仿真验证。仿真结果表明，基于 ε-权衡算法设计的控制器在同等条件下能够提供更高的阻尼比，从而更好地达到初始阻尼控制器的控制效果，电力系统稳定运行时间提高了 30% 左右。

第五，通过"云南—广州"电网 RTDS 实验台对本书研究的方法进行验证，发现 RTDS 实验结果与 MATLAB 离线仿真的结果基本一致。实验结果表明，本书提出的方法从控制信号方面使电力系统广域阻尼控制得以有效提高，从电力系统设备方面对电力系统广域稳定控制得到改善。

本书的研究以及本书的出版得到了以下基金项目的支持，在此深表感谢：
·国家自然科学基金委青年科学基金项目（项目编号：51407201）。
·北京市高等教育学会项目（项目编号：YB2021131）。
·中国建设教育协会教育教学科研课题（项目编号：2021051）。
·清华大学电力系统及大型发电设备安全控制与仿真国家重点实验室基金项目（项目编号：SKLD20M17）。
·北京建筑大学研究生教育教学质量提升项目（项目编号：J2021016，J2022007）。
·北京建筑大学教育科学研究重点项目（项目编号：Y19-12）。
·北京建筑大学社会实践与创新创业课程项目（项目编号：SJSC1913）。
·北京建筑大学金字塔人才培养工程项目（项目编号：JDYC20200324）。
·北京建筑大学研究生创新项目（项目编号：PG2021090，PG2022132）。

此外，在本书编写过程中，还要感谢研究生张寿志、胡敬轩、孙建群、魏静静、吴屹潇、杜蔚杰、李京霖、张耀文，本科生张义晖、丁洪林、杨书玮的编写协助。

作者
2022 年 1 月

目　　录

第1章
绪　论

1.1　研究背景和意义

1.1.1　研究背景

电力系统安全稳定运行是保证国家用电的基本前提。随着社会的飞速发展，工业生产高速增长导致对电能的需求变得更加巨大，能源的高效利用越来越受到重视，电力供应迅猛发展（见图1.1）。2020年，全国累计发电装机容量22058万 kW。其中，全国基建新增水电装机容量1323万 kW（其中抽水蓄能投产120万 kW），同比多投产879万 kW。全国基建新增火电装机容量5637万 kW，同比多投产1214万 kW。新增煤电装机容量4027万 kW，同比多投产791万 kW；新增气电装机容量816万 kW，同比多投产185万 kW；新增核电装机容量112万 kW，同比少投产297万 kW；新增并网风电装机容量5323万 kW，同比增加3595万 kW；新增并网太阳能发电装机容量4820万 kW，同比增加2168万 kW。由于中国能源的逆向分布，能源的传输导致广域互联电力系统不断增加，系统自身的规模和复杂程度越来越庞大，低频振荡现象[1,2]带来的危害问题不断发生，成为威胁电网安全稳定运行的主要隐患。发电机组的振荡会限制广域电力系统联络线的传输功率从而发生振荡，可能伴随停电现象，极大降低系统的可靠性及经济性，低频振荡已成为现代电力系统大力发展需要面对的主要问题。

大电网系统中的低频振荡问题属于系统的小干扰稳定问题。从目前对电力系统低频振荡的研究来看，还存在产生机理、方法选择、实时监测和阻尼控制等方面的缺陷，尚未形成快速、有效的解决方法。电力系统的稳定运行在实时监测及广域阻尼控制方面都存在巨大挑战。系统发电机在运行时，发电机转子惯性较大，导致发电机发生低频振荡现象。区域间低频振荡和本地

1

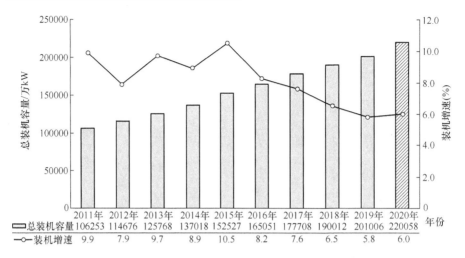

图 1.1　2011—2020 年累计发电装机容量增速变化

资料来源：国家能源局，《中国能源发展报告 2021》（中能智库丛书）。

低频振荡统称为振荡问题。低频振荡现象是指发电机转子功率在 0.1~2.5Hz 之间的振荡。电网系统中某一发电机的振荡将会引起整个发电机组的动态稳定性失衡，从而威胁整个互联电网系统的安全[3,4]。此外，由于国家对能源电力政策的转变，逐渐将石化能源发电转化为新能源发电，大规模风电、太阳能机组并入互联电网，也会造成区域间发电机功率、电压、频率等参数产生波动引起电能质量等问题。若不能及时监测并采取措施，会导致电力系统阻尼持续偏低，发电机在长时间欠阻尼的情况下会导致发电机停止运行。

新能源发电是未来发展趋势。风电、太阳能、光伏发电等大量新能源接入电网可能会引起广域电力系统各处发电机及母线的运行状态发生异常，从而导致发电机控制问题。低频振荡一旦发生，若广域测量系统（Wide Area Measurement System，WAMS）不能及时判断并采取措施，可能会导致广域系统功率持续振荡，影响整个电网安全。近 20 年国内外电力系统低频振荡典型事故如表 1.1 所示。在 2003—2013 年，全国发生各类低频振荡事例 25 次，区域内电网振荡 11 次。广域电力系统低频振荡事故具有一定的规律性，主要是由发电机控制系统异常导致的振荡次数较多，因调速、电力系统稳定器（Power System Stabilizer，PSS）异常引起的振荡达 11 次。随着各种能源发电模式大规模地并入现有电网，导致不同机组互联难度提高，广域控制难度增大，发生低频振荡的概率增加。因此，需要对广域电力系统的监测以及控制采取及时有效的措施，才能有效降低危险，保证广域电力系统在不断发展中能够安全、稳定地运行。

表 1.1 近 20 年国内外电力系统低频振荡典型事故

电网名称	时间	电网名称	时间
中国广东电网	2004.07.03	中国南方电网	2007.01.15
莫斯科电网	2005.05.21	印度电网	2012.07.30
中国南方电网	2005.05.23	中国福建电网	2013.01.11
西欧电网	2006.04.21	美加电网	2013.08.04

电力系统广域测量技术的普及使得电力系统的运行状态能够被实时监测，并能够及时对产生的问题作出反应。WAMS 通过相量测量装置（Phasor Measurement Unit，PMU）能够实时对广域信息量进行采集，在线监测分析广域电力系统发电机及母线运行情况，并及时对系统的稳定性状况进行分析，以便及时采取适当的措施对系统进行干预。WAMS 已经成为提高电力系统稳定性的主要使用手段，可以提升区域间系统阻尼，提高区域间发电机的稳定运行及区域内送电能力，降低电力系统运行的危险性。但是 WAMS 信号是通过通信网络进行传输的，实际电力系统也含有时滞，通信时滞会影响广域电力系统的监测和稳定运行。因此，如何判断电力系统低频振荡预警以及降低通信时滞对电力系统稳定运行的影响亟须解决。

1.1.2 研究意义

从上述分析可知，随着智能电网技术不断迅速发展，电网规模日益增大，我国电网已经逐步从地区性电网向全国联网方向发展，区域互联电网运行方式与结构越来越复杂，相互联系相对薄弱，大大增加了电网安全稳定的控制难度，低频振荡已经成为影响电力系统稳定运行的重要问题，会制约互联电网的功率传输能力。为了保障电网安全、稳定运行，避免低频振荡现象发生，首先需要研究电力系统低频振荡预警问题，可以及时掌握电网运行状态，提前对可能发生低频振荡的位置及时采取防控手段，从而适应电网规模的不断扩大，对提高电力系统安全稳定性具有重大意义。

此外，随着电网复杂性的提高，电力系统广域阻尼控制信号数量众多、种类越发复杂，WAMS 中控制电力系统的参数信号数量过于庞大且种类繁多，从这些信号中选择出有利于电力系统广域稳定运行的信号作为激励信号来控制系统是非常重要的。从信号处理的角度来看，有效信号是指能够使系统维持稳定运行状态的信号；反之，如果信号不能有效控制和反映电力系统的稳定运行状态，则说明该信号为无效信号。有效信号的使用会加强并提升电力系统稳定运行期望的效果。在实际的广域时滞电力系统下，消除或者降低无效信号对电力系统的控制作用是电力系统控制的研究热点。

本书紧紧围绕电力系统低频振荡预警与广域阻尼控制中的主要研究问题，具体细分为研究电力系统低频振荡预警、研究控制信号对电力系统控制与稳定运行的影响、研究控制信号有效性及协调时滞－阻尼控制器之间的相互关系以及研究在广域电力系统下控制信号与控制设备对系统运行的影响，为模拟真实电力系统提供了数据基础并具有重要的研究意义。

1.2　国内外发展状况

1.2.1　电力系统低频振荡预警问题研究现状

目前，不少国内外学者对电力系统低频振荡预警领域进行了深入研究。在新颖的振荡预警方法研究方面，葛润东等[5]采用特征值法与模式提取法相结合的方法以尽量减少丢根现象，对于其中弱阻尼的振荡模式，提出灵敏系数的方法，并通过甘肃电网实例验证了方法的正确性与有效性。薛禹胜等[6]提出一种信息融合的电力系统振荡防御架构，以及计及通信信息安全预警与决策支持的振荡防御系统实现方法。仿真算例表明，该方法将会提高电网振荡防御系统控制措施的有效性、可靠性及经济性。宋墩文等[7]提出利用WAMS 和能量管理系统（Energy Management System，EMS）实时多信息源相结合方法，采用 Prony 算法隐式重启动进行特征值求解，并提出一套大电网低频振荡防控方法，给出解决低频振荡监测预警、振荡源搜索定位和振荡抑制平息控制措施三大基本低频振荡防控问题的解决方案。此外，孙宏斌等[8]也提出基于仿真大数据的"智能型"电网超前安全预警方法，分析将纯"模型驱动"模式变革为"模型—数据混合驱动"模式的可行性与优越性，该方法在广东电网的初步应用效果良好。

在振荡源定位预警研究方面，文献［9］以广东电网两次低频振荡事件中PMU 实测数据为例，提出基于发电机组分群辨识的低频振荡扰动源定位预警方法以及可视化监测工程实施方案，并对上述方案进行综合性仿真测试分析，提前通知调度运行人员进行预警。针对传统关键特征值计算方法普遍存在计算复杂度高、计算时间长等技术困难，李洋麟等[10]提出一种快速小干扰源稳定评估及预警方法，并能保证评估和预警的快速性。郭晶等[11]基于模糊层次分析法计算各设备指标权重，结合异常持续时间和增量权重，生成设备预警级别，综合考虑设备预警等级和数量获得信息系统整体预警状态。通过算法验证，表明该方法能够快速进行可靠性判定和故障识别，实现准确、及时、动态预警。Song 等[12]以 PMU 采集的广域实时数据和瞬态能量理论为基础，提出一套新的局部异常因子在线监测和定位方法。利用 PMU 采集实时数据，对扰动能量的分布趋势进行了修正，并在观测点出现强扰动时，对外界干扰点进行实时定位。Ma 等[13]针对双馈式感应发电机（Doubly-Fed Induction Generator，DFIG）内部元件与控制环节间复杂相关性，使得振荡源难以在设备级定位问题，提出一种基于动态能量流的 DFIG 设备级振荡源定位方法，根据因果值分布规律，确定振荡传输路径和振荡源位置，有助于电力系统低频振荡预警。

在预警精度与振荡分类研究方面，针对电力系统低频振荡预警小信号需要高分辨率的遥测数据检测能力，由于传统方法无法满足振动检测算法的要求，Chan 等[14]提出一种随机子空间识别方法来实现振动模态的识别精度。Yang 等[15]采用分层扩展的 k 近邻（Hierarchical Extended k-Nearest Neighbors，HE-kNN）方法，利用 kNN 算法中的距离，考虑一个窗口块而不是单个数据点来进行分类和异常警告。针对低频振荡在线监测中起振告警慢且无法同时判断振荡类型的问题，文献［16］提出二阶段随机森林（Random Forest，RF）分类器用于低频振荡预警和分类，为抑制措施提供依据。仿真验证表明，该方法既减少低频振荡预警时间，又改善样本类别不均衡性。王宇飞等[17]提出一种容忍阶段性故障预警方法，通过分析预警目标，提出阶段性故障容忍原则并论述基于该原则的预警原理，依据预警初始时刻网络攻击观测序列辨识，并构造预警解集合，从而对主动防御有效性进行提升，并通过典型仿真与预警实验验证该方法的有效性。针对 WAMS 无法涵盖宽频振荡问题，马宁宁等[18]提出"双高"电力系统宽频振荡广域监测与预警系统框架，以及状态估计、振荡溯源及振荡安全预警风险评估方法，并通过模拟振荡场景验证广域监测与预警系统有效性。张少敏等[19]提出将 Storm 实时数据处理和 Spark 内存批处理技术相结合的方法，建立了关于风电机组在线故障诊断的预警模型，该方法可以在保持精度的情况下具有更好的加速比。宁星等[20]通过分析电力系统由负荷的随机波动引起的响应信号，提出了将随机减量技术（Random Decrement Technique，RDT）和特征系统实现算法（Eigensystem，Realization Algorithm，ERA）相结合的方法，先用 RDT 从随机响应信号中提取自由振荡信号，再使用 ERA 方法快速、精准地识别低频振荡模式，得到功率、阻尼比等参数，对电网低频振荡进行预警。

通过研读以上国内外代表性文献，作者发现目前电力系统低频振荡预警研究主要分为指标类、波形类以及阻尼比跟踪类三大预警体系，为研究提高电力系统低频振荡幅值预警指标识别精度问题提供了解决思路。同时，作者发现目前电力系统安全预警方法和体系不够完善，主要依赖于电力系统长期特征值计算以及实测轨迹信号处理等措施，在故障发生后研究居多，识别精度低，属于补救性措施，缺乏事前预防的有效手段。此外，现有方法中对基于大数据与数据分析的预警研究方法较少，因此研究从电网大数据本身出发，利用 PMU 监测数据对认知、理解和解决电力系统低频振荡预警难题具有重要意义。

虽然目前针对电力系统低频振荡幅值预警指标识别精度问题的研究缺乏行之有效的方法，但可借助大量实测 PMU 时序数据进行持续的采集、上传以形成强大的电力系统关键广域数据，依靠先进的大数据技术作为重要驱动力。因此，本书充分利用关键广域数据特征，将幅值预警指标与 Vinnicombe 距离方法结合后，提出一种基于关键特征广域降维数据 Vinnicombe 距离的幅值预警指标识别精度提高方法，可有效地消除单个安全预警指标计算出现的误差，大幅提高振荡预警区间精度，为调度运行人员在第一时间获得低频振荡预警信息，及时保障系统的安全、稳定运行，具有独特的理论新颖性和实际应用性。

1.2.2 电力系统输入广域信号有效选择问题研究现状

WAMS 广域信息在网络传输中对电力系统的监测及稳定运行提供了重要的实时数据。随着广域测量系统的应用地位逐渐提高，可供系统选择的信号范围扩展到整个系统的各种电气量，种类繁多、数量庞大的信号不利于系统控制，因此，对基于广域电力系统的输入反馈信号进行有效选择成为新的研究热点。

针对广域电力系统中存在种类繁多且数量庞大的无效控制信号的问题，目前，相对增益矩阵（Relative Gain Array，RGA）[21]、最小奇异值（Minimum Singular Value，MSV）[22]、汉克尔奇异值（Hankel Singular Value，HSV）方法[23]、普罗尼（Prony）法[24]等方法都用于研究控制信号的有效选择。

贺静波等[25]提出了一种借助留数方法对信号进行选择的算法，提出了主模比指标，用于提高控制系统的输出阻尼，根据阻尼数值大的指标来选择有效的广域反馈信号。戚军等[26]针对控制信号选择提出了一种依靠时滞敏感程度的信号优化选择的指标，指标通过控制时滞容忍程度的参数（Time Delay Sensitivity Index，TDSI）对信号进行筛选，借助李雅普诺夫函数实现，并通过 3 机 39 节点测试系统对信号选择进行验证，仿真结果证明 TDSI 指标较小的控制信号能够快速地平息低频振荡。汪娟娟等[27]针对信号有效选择通过留数提出一种直流附加控制器的有效选择方法，并通过 RGA 方法考虑广域多直流附加控制回路的交互影响，确定控制点的最佳直流调制信号。陈刚等[28]提出了一种基于综合几何指标来判断所选控制信号优劣的方法，并通过四机两区系统对所选信号在电力系统的稳定性进行了验证，达到所提指标的信号能够有效地抑制低频振荡。李鹏等[29]提出了一种基于主模比指标作为广域控制信号的选择依据，在实际工程中与留数、几何方法对比阻尼控制器效果，得出主模比方法是筛选最优信号的合适方法。马静等[30]基于贡献分级提出一种优选反馈信号的方法，借助贡献因子来衡量信号对系统阻尼的影响，通过 IEEE 四机系统进行仿真，表明贡献因子高的信号能够提高系统的阻尼水平。褚晓杰等[31]提出一种基于频域子空间辨识和集结理论的控制信号的选取方法。通过对电力系统的仿真模型进行优化，从而减小误差，通过更真实的电力系统对广域控制信号选取以优化模型的方法能够减少计算量，在实际电网中有一定的可行性。仿真分析表明选取信号能够优化对广域电力系统的稳定控制。李安娜等[32]针对广域电力系统稳定运行时选取合适的控制信号问题，在广域测量系统的基础上，基于 HSV 方法对实测信号进行有效选择，通过改进 Prony 算法与滤波器结合对实测信号进行选择，并通过四机两区系统进行仿真验证，给出广域电力系统信号在线选择方法。

通过对以上国内外文献的调研发现，在考虑广域电力系统的控制时，系统中存在大量复杂且无效的信号，导致系统无法辨识出有效的控制信号，恶化电力系统的稳定运行，因此，对控制信号的有效选择尤为重要，能够提高系统的稳定运行。

1.2.3 基于随机时滞补偿的广域电力系统研究现状

目前，针对广域电力系统时滞分析和补偿方法的研究分为两大类：①通过广域阻尼控制器（Wide Area Damping Controller，WADC）的相位超前滞后以及增益等部分参数进行优化设计，从而降低时滞带来的影响；②通过对随机时滞的分割，对时滞进行预测补偿，从而得到广域信号的波形，降低时滞的影响。

针对电力系统时滞补偿器，李宁等[33]、虞忠明[34]和高超等[35]主要通过提出基于 Wirtinger 不等式的方式作为时滞电力系统的稳定性依赖判据，通过此判据来证明系统所存在的时滞情况以及对时滞的容忍度，最终在四机两区系统中考虑时滞丢包因素对所提方法进行验证。樊东[36]和杨博[37]首先针对随机通信时滞提出了时滞分割的思想，建立数学概率模型；其次基于不同的概率分布，借助算法得到依据概率分布的自适应时滞补偿器，并通过四机两区系统对补偿的时滞信号进行验证。Chaudhuri[38]提出了一种基于 H_∞ 的预测控制思想，通过在闭环系统中加入 Smith 时滞器，对时滞进行预测补偿，得到的阻尼控制器能够有效限制时滞带来的影响。张合新等[39]和钱伟等[40]针对随机时滞，通过提出泛函来计算能使系统稳定的时滞范围，借助线性矩阵不等式（LMI）的方式设计出含有时滞补偿的广域阻尼控制器。姜涛[41]和关琳燕等[42]首先分析了励磁系统输入的时滞环节，引入系统负载干扰，建立不同负载能力的系统模型，在恒阻抗、恒电流、恒功率的三种情况下对所能承受信号的时滞能力进行仿真，并与加入时滞补偿器的三种模型进行对比，验证了时滞补偿的重要性。张佳怡[43]针对降低广域电力系统低频振荡现象，使用帕德近似（Pade Approximation）方法将时滞推导出包含多路信号时滞，根据时滞确定初始阻尼控制器作用的闭环电力模型。通过计算系统的特征值和时域仿真对比，分析多路时滞信号和随机时滞对系统稳定运行的影响。叶东[44]为了提高测量信号的传输准确程度，对测量信号进行滤波和预测补偿，提出一种卡尔曼滤波和Prony算法结合的方法，将信号优化与时滞预测补偿共同作用在WAMS时滞补偿结构上，通过四机两区系统进行验证可知，在250ms内能够准确地进行时滞预测补偿。

上述国内外文献针对随机时滞的处理方法都是从随机时滞的本质来解决问题，对广域电力系统起到了一定程度上降低随机时滞的影响。针对广域电力系统通信时滞问题，应充分考虑通信时滞对广域信号的影响，才能有效地实时了解广域电力系统真实的运行情况。

1.2.4　含时滞的广域阻尼控制器参数设计研究现状

在互联电网中，各地的阻尼控制器对系统的稳定运行起到重要作用，控制信号能够控制初始广域阻尼器，提高系统阻尼抑制低频振荡。存在时滞的广域信号会影响电力系统的稳定性，并且降低各地发电机组的阻尼，时滞和阻尼会降低广域阻尼器的控制效果。因此，如何能够同时协调阻尼与时滞来增强区域间的振荡阻尼是电力工作者需要解决的问题。

霍健[45]及袁野等[46]针对时滞电力系统初始阻尼控制器的参数优化设计提出一种新的方法，基于Pade近似求取初始阻尼控制器参数矩阵的关键特征值，根据线性不等式和粒子群优化方法理论分析计算得出电力系统阻尼控制器参数。贾宏杰等[47]、李婷[48]及Yao W[49]等借助李雅普诺夫泛函理论，通过公式推导出具有时滞分量的线性多时滞电力系统稳定性判据，借助李雅普诺夫判据对阻尼控制器的参数进行优化设计，将设计的阻尼控制器作为PSS加入四机两区系统，模拟系统的运行过程，结果表明广域阻尼控制器能够克服时滞对系统运行不稳定的影响，保证系统运行稳定。卢旻等[50]提出了一种基于细菌优化的广域阻尼控制器参数优化设计算法，类比于细胞免疫更新情况对控制器参数进行迭代优化，加上超前滞后补偿环节得到最优阻尼控制器设计方法。通过仿真验证，该方法能够增强阻尼，在一定程度上降低系统低频振荡。马燕峰等[51]、张子冰等[52]、葛景等[53]和盛立健等[54]提出了系统稳定性的判据，以及将稳定性判据转为线性矩阵不等式问题的可行性，间接转换了问题的解决思想，避免了固定权矩阵的保守性问题，最终设计了具有反馈状态的阻尼控制器，可以增强互联电力系统的阻尼。

上述文献均已提到广域阻尼控制器的设计及优化方法，基本考虑到了时滞对电力系统的影响，文献中采用的方法基本能够降低时滞对系统的影响，阻尼控制器的优化设计能够提升广域间发电机的稳定互联，提升电力运输的能力。

1.3 本章小结

针对电力系统低频振荡预警及广域阻尼控制，本章主要通过对电力系统低频振荡预警、对广域电力系统运行控制的通信时滞进行补偿降低、考虑时滞的电力系统运行输入的控制信号进行选择优化以及考虑激励信号优化后的广域阻尼控制器设计这四个方向进行调研，整理总结现有方法并进行改进创新，提出自己的想法，对广域电力系统阻尼控制做进一步研究。

全书结构安排如下：

第一章：主要基于电力系统低频振荡预警、时滞广域电力系统、输入信号的有效性及信号优化选择的可行性、广域电力系统初始阻尼控制器参数优化设计调研相关国内外文献，调研四个研究方向的研究背景及问题的前沿性，分析四个研究方向的研究前景和现实意义以及现阶段已有的解决方法。针对现有方法，分析存在的不足以及可能改进的方向，通过最新前沿论文调研四个方向的不同解决方案和技术路线。

第二章：针对目前低频振荡预警策略存在数据量小、识别精度低等问题，本章提出一种基于关键特征广域降维数据 Vinnicombe 距离的电力系统低频振荡幅值预警指标识别方法，该方法首先对 PMU 采集的原始大数据进行筛选与降维预处理，提取关键特征数据，生成低频振荡幅值预警指标的初始特征量矩阵；然后通过对电力系统监控终端节点和各节点之间的区域进行编号，确定区域关联关系与对应的关联值，生成网络关联多特征向量状态检测矩阵，再结合 Vinnicombe 距离计算传递函数距离，判断是否发生低频振荡，并有效提高低频振荡幅值预警识别精度；最后通过 10 机 39 节点新英格兰系统验证本书提出方法的正确性与有效性。

第三章：针对目前电力系统广域输入信号的种类繁多且许多信号不能有效控制系统运行的问题，本章主要研究 WAMS 中存在的通信时滞控制信号的有效选择。针对时滞电力系统输入控制信号的有效性问题，首先建立电力系统闭环时滞模型；其次基于降维理论的核主成分分析方法对高维电力系统信号进行处理，其中核函数作为对控制电力系统信号的选择依据；最后通过基于残差的离散卡尔曼滤波器对选择后的有效信号进行优化，得到最优的输入激励信号。

第四章：针对广域电力系统的稳定运行日益依赖 WAMS 控制，控制系统的通信信号在传输中存在随机时滞，常会恶化阻尼控制效果，对电力系统的运行带来了严重的影响问题。本章主要研究广域电力系统降低甚至消除通信时滞问题，首先针对信号的随机时滞进行数学归纳，得到依据概率分布的模型；其次基于数学概率 t 分布和 Prony 方法，提出一种基于 t 分布的改进 Prony 算法的时滞补偿器，并给出方法实现的完整步骤；最后，通过仿真验证信号通信时滞的补偿效果。

第五章：研究 PSS 参数优化设计的问题。本章在基于第四章广域优化信号建立时滞电力系统辨识模型后，提出一种基于 ε-权衡阻尼与时滞因素的算法，借助 LMI 工具箱优化阻尼控制器参数，最后与现有方法对比，验证了提出方法的有效性。

第六章：针对"云南—广东"地区实际模型，通过 RTDS 实验对提出的算法和理论进行检验。考虑广域控制信号的优化选择、通信时滞的补偿、广域阻尼控制器的优化设计以及将 ε-权衡"阻尼-时滞"的广域阻尼控制器加在 RTDS 实验设备上对"云南—广东"地区系统模型进行实验。

第2章
电力系统低频振荡预警

随着智能电网技术不断迅速发展,电网规模日益增大,我国电网已经逐步从地区性电网向全国联网方向发展,区域互联电网运行方式与结构越来越复杂,相互联系相对薄弱,大大增加了电网安全、稳定运行的控制难度,低频振荡已经成为影响电力系统稳定运行的重要问题,制约互联电网的功率传输能力。为保障电网安全、稳定运行,避免低频振荡现象发生,需要不断深入研究电力系统低频振荡预警问题,及时掌握电网运行状态,提前对可能发生低频振荡的位置采取防控手段,从而适应电网规模的不断扩大,提高电力系统稳定性。

2.1 系统模型与基本理论

2.1.1 电力系统状态空间方程建立

对于实际电力系统,很难精确建立整个电力系统的高阶数学模型,即使推导出这种高阶数学模型,也很难应用于实际[55]。为了避免系统模型太复杂,文献[56]提出将大型电力系统中每个发电机模型假定为一个子系统,各子系统通过传输网络互相连接,在考虑子系统模型及其相互作用的情况下,通常采用3阶同步发电机模型代替整个电力系统模型进行参数辨识研究,推导适用于大型电力系统的状态空间模型,并已证明其降阶模型的有效性。本书利用该文献的思路,建立电力系统各子系统模型 $\dot{x}_i(t)$,其中 $i = 1, \cdots, n$,其过程如下:

$$\dot{\delta}_i(t) = \omega_i(t) \tag{2.1}$$

$$\dot{\omega}_i(t) = -\frac{D_i(t)}{J_i}\omega_i(t) + \frac{1}{J_i}(P_{mi} - P_{ei}(t)) \tag{2.2}$$

建立电气动力学模型:

11

$$\dot{E}'_{qi}(t) = \frac{1}{T'_{doi}}(E_{fi}(t) - E_{qi}(t))\qquad(2.3)$$

建立电气方程模型：

$$E_{qi}(t) = E'_{qi}(t) + (x_{di} - x'_{di}) \cdot I_{di}(t)\qquad(2.4)$$

$$P_{ei}(t) = \sum_{j=1}^{n} E'_{qi}(t) E'_{qj}(t)(B_{ij}\sin(\delta_{ij}(t)) + G_{ij}\cos(\delta_{ij}(t)))\qquad(2.5)$$

$$Q_{ei}(t) = \sum_{j=1}^{i} E'_{qi}(t) E'_{qj}(t)(G_{ij}\sin(\delta_{ij}(t)) - B_{ij}\cos(\delta_{ij}(t)))\qquad(2.6)$$

$$I_{di}(t) = \sum_{j=1}^{n} E'_{qj}(t)(G_{ij}\sin(\delta_{ij}(t)) - B_{ij}\cos(\delta_{ij}(t))) = \frac{Q_{ei}(t)}{E'_{qi}(t)}\qquad(2.7)$$

$$I_{qi}(t) = \sum_{j=1}^{n} E'_{qj}(t)(B_{ij}\sin(\delta_{ij}(t)) + G_{ij}\cos(\delta_{ij}(t))) = \frac{P_{ei}(t)}{E'_{qi}(t)}\qquad(2.8)$$

$$E_{qi}(t) = x_{adi}I_{fi}(t)\qquad(2.9)$$

将式（2.5）~式（2.7）线性化，可得出各子系统模型式：

$$\dot{x}_i(t) = A_i x_i(t) + B_i u_i(t) + \sum_{j=1, j\neq i}^{n} H_{ij}x_j\qquad(2.10)$$

其中
$$x_i = \begin{bmatrix} x_{1i} \\ x_{2i} \\ x_{3i} \end{bmatrix} = \begin{bmatrix} \Delta\delta_i \\ \Delta\omega_i \\ \Delta E'_{qi} \end{bmatrix}, \quad u_i = \begin{bmatrix} u_{1i} \\ u_{2i} \end{bmatrix} = \begin{bmatrix} \Delta E_{fi} \\ \Delta P_{mi} \end{bmatrix}\qquad(2.11)$$

$$A_i = \begin{bmatrix} 0 & 1 & 0 \\ \dfrac{1}{J_i}\sum_{j=1, j\neq i}^{n} E'_{qio}\cdot E'_{qjo}\cdot GS_{ijo} & -\dfrac{D_i}{J_i} - \dfrac{2G_{ii}E'_{qio}}{J_i} & -\dfrac{1}{J_i}\sum_{j=1, j\neq i}^{n} E'_{qjo}\cdot BS_{ijo} \\ -\dfrac{(x_{di}-x'_{di})}{T'_{doi}}\sum_{j=1, j\neq i}^{n} E'_{qjo}\cdot BS_{ijo} & 0 & -\dfrac{1}{T'_{doi}} + \dfrac{(x_{di}-x'_{di})}{T'_{doi}}B_{ii} \end{bmatrix}$$

$$(2.12)$$

$$H_{ij} = \begin{bmatrix} 0 & 1 & 0 \\ -\dfrac{1}{J_i}E'_{qio}\cdot E'_{qjo}\cdot GS_{ijo} & 0 & -\dfrac{1}{J_i}E'_{qio}\cdot BS_{ijo} \\ \dfrac{(x_{di}-x'_{di})}{T'_{doi}}E'_{qjo}\cdot BS_{ijo} & 0 & -\dfrac{(x_{di}-x'_{di})}{T'_{doi}}\cdot GS_{ijo} \end{bmatrix}\qquad(2.13)$$

$$GS_{ijo} \stackrel{\text{def}}{=\!=\!=} G_{ij}\sin(\delta_{ijo}) - B_{ij}\cos(\delta_{ijo}), \quad BS_{ijo} \stackrel{\text{def}}{=\!=\!=} B_{ij}\sin(\delta_{ijo}) + G_{ij}\cos(\delta_{ijo})$$

$$B_i = \begin{bmatrix} 0 & 0 \\ 0 & \dfrac{1}{J_i} \\ \dfrac{1}{T'_{doi}} & 0 \end{bmatrix} \tag{2.14}$$

因此，各子系统模型式（2.10）的输出方程为

$$Q_{ei}(t) = \frac{x_{adi}}{x_{di} - x'_{di}} I_{fi}(t) \cdot E'_{qi}(t) - \frac{1}{x_{di} - x'_{di}} E'_{qi}(t)^2 \tag{2.15}$$

将式（2.15）线性化得到

$$\Delta Q_{ei}(t) = p_{7i} \cdot \Delta E'_{qi}(t) + p_{8i} \cdot \Delta I_{fi}(t) \tag{2.16}$$

其中

$$p_{7i} = \frac{x_{adi}}{x_{di} - x'_{di}} I_{fio} \frac{2}{x_{di} - x'_{di}} E'_{qio} \tag{2.17}$$

$$p_{8i} = \frac{x_{adi}}{x_{di} - x'_{di}} E'_{qio} \tag{2.18}$$

最后，使用 3 阶子系统模型近似代替电力系统模型，可得到电力系统状态空间方程为

$$\begin{bmatrix} \dot{x}_{1i} \\ \dot{x}_{2i} \\ \dot{x}_{3i} \end{bmatrix} = \begin{bmatrix} 0 & 1 & 0 \\ p_{1i} & p_{2i} & p_{3i} \\ p_{4i} & 0 & p_{5i} \end{bmatrix} \cdot \begin{bmatrix} x_{1i} \\ x_{2i} \\ x_{3i} \end{bmatrix} + \begin{bmatrix} 0 & 0 \\ 0 & 0 \\ p_{6i} & 0 \end{bmatrix} \cdot \begin{bmatrix} u_i \\ u'_i \end{bmatrix} + \begin{bmatrix} 0 \\ g_{1i} \\ g_{2i} \end{bmatrix}$$

$$\tag{2.19}$$

$$y_i = \begin{bmatrix} 1 & 0 & 0 \\ 0 & 0 & p_{7i} \end{bmatrix} \cdot \begin{bmatrix} x_{1i} \\ x_{2i} \\ x_{3i} \end{bmatrix} + \begin{bmatrix} 0 & 0 \\ 0 & p_{8i} \end{bmatrix} \cdot \begin{bmatrix} u_i \\ u'_i \end{bmatrix}$$

式中：每个子系统的系数矩阵参数 p_{1i}，$\cdots$，p_{6i} 定义见附录，输出方程矩阵参数 p_{7i} 和 p_{8i} 定义为式（2.17）和式（2.18），未知的相互作用参数 g_{1i} 和 g_{2i} 定义见附录，并将电力系统机械转矩作为恒定量，励磁电压作为输入量。

2.1.2 基本理论

本书从实际电网大数据分析角度出发，利用 PMU 持续上传形成的大数据，将这些大数据由单一时间段矩阵生成为多时间段高维矩阵，并利用广域数据降维方法将高维矩阵降至低维矩阵，再结合 Vinnicombe 距离进行研究，涉及基本理论如下。

1. Vinnicombe 距离[57]

Vinnicombe 距离可简写为 $v\text{-}gap$，表示两个传递函数之间距离的一种测量，用符号 δ_v 表示。两个传递函数 G_1 和 G_2 的 Vinnicombe 距离表示为

$$\delta_v(G_1, G_2) = \begin{cases} \max \ \kappa(G_1(e^{j\omega}_\omega), \ G_2(e^{j\omega})) & \text{满足式}(2.21) \\ 1 & \text{不满足式}(2.21) \end{cases} \qquad (2.20)$$

$$\begin{cases} (1 + G_1^* G_2)(e^{j\omega}) \neq 0 & \forall \omega \\ \Psi(1 + G_1^* G_2) + \eta(G_2) - \tilde{\eta}(G_1) = 0 \end{cases} \qquad (2.21)$$

$$\kappa(G_1(e^{j\omega})) = \frac{|G_1(e^{j\omega}) - G_2(e^{j\omega})|}{\sqrt{1 + |G_1(e^{j\omega})|^2} \sqrt{1 + |G_2(e^{j\omega})|^2}} \qquad (2.22)$$

式中：$G_1^*(e^{j\omega}) = G_1(e^{-j\omega})$；$\eta(G_2)$ 为 G_2 的开右半平面极点数；$\tilde{\eta}(G_1)$ 为 G_1 的闭右半平面极点数；$\Psi(x)$ 为传递函数 x 的奈奎斯特曲线逆时针包围圆圈点的圈数，当 x 在虚轴上面有极点时，奈奎斯特曲线要避开这些极点；$\kappa(G_1(e^{j\omega}), \ G_2(e^{j\omega}))$ 为 G_1 和 G_2 向单位黎曼球投影所得到的投影点的弦距离。

2. 基于广域数据信息的数据降维方法[58]

若给定一个高维度、高稀疏且相关的时空状态检测矩阵 K，再对矩阵 K 进行多尺度降维，使其能够保持在内部各对象关系基本不变的前提下实现一种高维度数据在低维度中的表示，使矩阵内元素可以明确地表示出来。根据欧几里得距离计算公式计算高维时空状态检测矩阵 K 中各对象间的相异度矩阵 D，d_{ij} 是相异度矩阵 D 中的元素，可表示为

$$d_{ij} = \sqrt{\sum_{k=1}^{m} (x_{ik} - x_{jk})^2} \qquad (2.23)$$

利用式（2.23）算出相异度矩阵 D 中心化内积得到矩阵 B，其中 b_{ij} 是矩阵 B 中的元素，可表示为

$$b_{ij} = a_{ij} - \bar{a}_{i.} - \bar{a}_{.j} + \bar{a}_{..} \qquad (2.24)$$

$$\bar{a}_{i.} = \frac{1}{n} \sum_{j=1}^{n} a_{ij} \qquad (2.25)$$

$$\bar{a}_{.j} = \frac{1}{n} \sum_{i=1}^{n} a_{ij} \qquad (2.26)$$

$$\overline{a}_{..} = \frac{1}{n^2} \sum_{i=1}^{n} \sum_{j=1}^{n} a_{ij} \qquad (2.27)$$

$$a_{ij} = -\frac{1}{2} d_{ij}^2 \qquad (2.28)$$

矩阵 B 的前两个特征根如式（2.29）所示，特征根对应的特征向量如式（2.30）所示。

$$\lambda_1 \geqslant \lambda_2 \geqslant 0 \qquad (2.29)$$

$$x'_{(i)} x_{(i)} = \lambda_i, \ 1 \leqslant i \leqslant 2 \qquad (2.30)$$

令矩阵 $X = [x_{(1)}, x_{(2)}]$，矩阵 X 即为矩阵 K 在二维空间的表示。

2.2 基于关键特征广域降维数据 Vinnicombe 距离的低频振荡幅值预警指标算法

2.2.1 幅值预警指标识别阈值选择

电力系统低频振荡的产生对电力系统造成影响的因素有很多，主要影响包括电流、电压、频率、阻尼比等。考虑电力系统安全稳定裕度、系统风险等因素，本书主要采用幅值预警指标进行基于 Vinnicombe 距离的识别研究，阈值 h 的选择根据文献 [59] 中记载，考虑系统运行的方式及参数对低频振荡影响参数的确定，当未出现电网长链结构和弱联络线、短路电流过大、主电站备用功率裕度不足、功率严重不足等情况发生时，电力系统是稳定的，此时 $h=0$；当出现线路输送功率达到静态稳定极限和负荷的波动出现时，$h=-1$。在本书中根据 Vinnicombe 距离计算出的二维图中没有孤立离群点，则 $h=0$，表示系统无低频振荡；若根据 Vinnicombe 距离计算出的二维图中有孤立离群点，则 $h=-1$，表示系统发生低频振荡。

2.2.2 算法设计步骤

根据 2.1 相关系统模型与基本理论，本章提出基于关键特征广域降维数据 Vinnicombe 距离的低频振荡幅值预警指标方法，首先对 PMU 采集到的原始大数据采用文献 [60] 中的方法进行筛选与降维预处理，建立关联矩阵，生成需要检测幅值预警指标的初始特征量矩阵，然后将单一指标单时间段的状态检测矩阵融合成为多时间段的状态检测矩阵，利用数据降维方法将高维矩阵降阶到低维矩阵，代入电力系统状态方程中，再结合 Vinnicombe 距离计算传递函数距离。该算法的设计步骤如下。

步骤 1：对要利用 PMU 采集的节点进行编号，先对电力系统中发电机节点 Gen_j 进行编号，然后对检测节点 Sub_j 进行编号，最后对各节点之间的区域 Ln_j 进行编号。本书根据文献［61］中提供的电网大数据，截取了 PMU 24 小时中从 $0\sim179.9662s$ 采集的电流幅值和相角、电压幅值和相角以及频率值，共形成了 950400 个数据汇总成为本书使用的大数据。

步骤 2：对步骤 1 中提及的 950400 个数据，本书采用文献［60］提出的基于遗传乌燕鸥算法进行大数据筛选与预处理，从而减少数据计算量，并生成本书低频振荡幅值预警指标需要的初始特征量矩阵。然后，根据式（2.31）计算各特征量区域矩阵 B_i：

$$B_i = AT_i \tag{2.31}$$

式中：A 为关联矩阵；T_i 为各节点上传的特征量大数据组成的列矩阵。

关联矩阵 A 是根据步骤 1 中对采集节点进行编号，再由关联值和关联关系构建形成的，构建规则为：若节点不在区域内，则关联值为 0；若节点在区域内，节点关键特征量指向区域内则为 1，节点关键特征量指向区域外则为 -1。

再由式（2.32）构建单一时间段的特征向量状态检测矩阵 K_i：

$$K_i = |A^{\mathrm{T}}|B_i \tag{2.32}$$

步骤 3：通过式（2.33）在时间轴上将单一时间段状态检测矩阵 K_i 拓展为多时间段状态检测矩阵 K。

$$K = \begin{bmatrix} K_1 & K_2 & \cdots & K_n \end{bmatrix} \tag{2.33}$$

步骤 4：将步骤 3 中得到的状态检测矩阵 K 代入式（2.23）~式（2.30），并将矩阵 K 进行降维，得到 $X = \begin{bmatrix} x_{(1)}, & x_{(2)} \end{bmatrix}$，矩阵 X 为矩阵 K 在二维空间的表示。

步骤 5：根据式（2.19）得到降阶后的电力系统状态空间模型 U。

步骤 6：将矩阵 X 中的向量作为输入值代入模型 U 中，再对模型 U 进行拉普拉斯变换，将其转化为传递函数 $G(s)_i$。

步骤 7：根据 Vinnicombe 距离相关理论，利用式（2.20）可以求取两个传递函数之间的距离大小 $\delta_v(G(s)_i, G(s)_{i-1})$ 后得到集合 $\delta_{v(i-1)}$，并依次求取基于传递函数 $G(s)_i$ 的最大距离，记为 $\rho = \delta_{v \cdot \max}$。

实现上述预警算法步骤的流程图如图 2.1 所示。

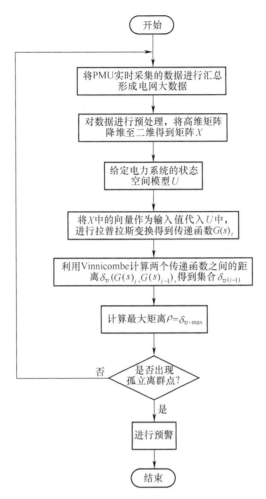

图 2.1 基于关键特征广域降维数据 Vinnicombe 距离的
低频振荡幅值预警指标算法流程

2.3 系统仿真验证

为了验证应用本书提出方法分析电网大数据的可行性与有效性，作者根据文献［61］中使用的实测 PMU 数据分布原则，以 10 机 39 节点新英格兰系统作为仿真验证系统，并将 PMU 采样节点按照 2.2.2 小节中的步骤 1 进行编号，如图 2.2 所示。

然后，从新英格兰电网 PMU 观测节点中提取 0～179.9662s 时间段 PMU

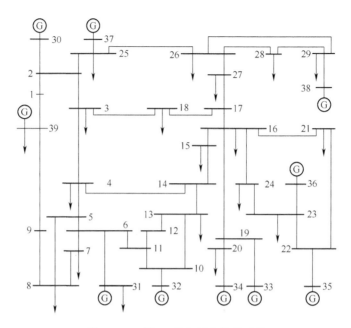

图 2.2　10 机 39 节点新英格兰系统

实测数据。根据 2.2.2 小节中的步骤 2 和步骤 3，利用文献 [60] 基于遗传乌燕鸥算法的方法对 PMU 实测数据进行筛选预处理，可得到电流幅值、相电压幅值、电流角度和相电压角度，如图 2.3~图 2.6 所示。

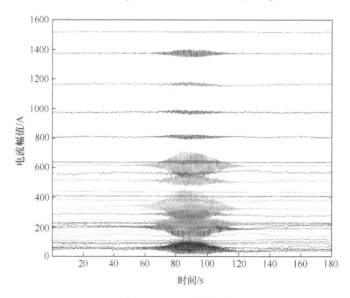

图 2.3　PMU 电流幅值

图 2.3~图 2.6 清晰地描绘出通过大数据筛选与处理后约 3min 的 PMU 实际检测数据，可观察出在 70~110s 时幅值有明显的波动，表明电力系统发生低频振荡。由于本书方法可以推广到低频振荡的多种幅值参数，本书仅以电压幅值参数情况作为仿真案例，其他幅值参数情况处理方法同理。

作者分别截取 $t=10s$ 无低频振荡时刻和 $t=75s$ 发生低频振荡时刻 PMU 电压数据，进行基于 Vinnicombe 距离幅值预警指标低频振荡识别检测。

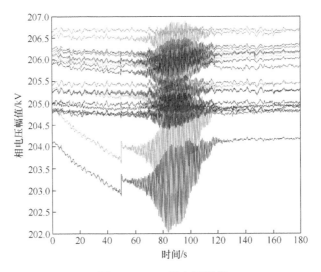

图 2.4　PMU 相电压幅值

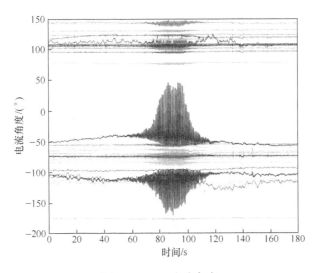

图 2.5　PMU 电流角度

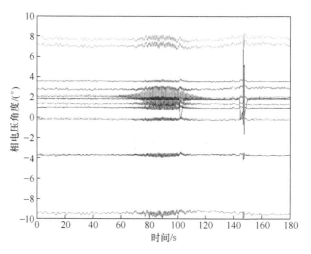

图 2.6　PMU 相电压角度

2.3.1　电力系统正常运行工况

当 $t=10\text{s}$ 时，电力系统处于正常运行工况。电力系统正常运行时刻 Vinnicombe 距离图与根据 Vinnicombe 距离数据计算得到的二维图如图 2.7 所示。

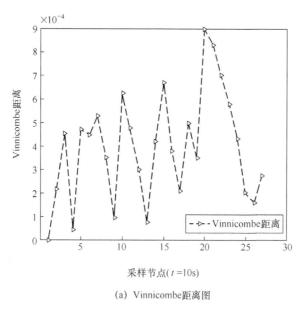

(a) Vinnicombe 距离图

图 2.7　电力系统正常运行工况下 Vinnicombe 距离数据分析结果（一）

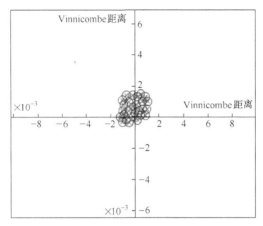

(b)　Vinnicombe距离在二维坐标表示图

图 2.7　电力系统正常运行工况下 Vinnicombe 距离数据分析结果（二）

需要说明的是，本研究一共需要检测 27 个节点，图 2.7（a）横坐标表示节点 1~节点 27 的节点序号，纵坐标表示是该节点与节点 1 之间传递函数的距离。图 2.7（b）中横坐标和纵坐标均表示两节点之间传递函数的距离，该图中的小圆点越密集，则表示此时电力系统状态越稳定。

从图 2.7 中可观察出节点 1~节点 27 之间的距离很小，节点非常密集，但节点 19 和节点 20 之间的 Vinnicombe 距离较大，说明可能会形成孤立离群点。此时选择基于 Vinnicombe 距离的电力系统低频振荡幅值预警指标阈值 $h=0$，表示系统未发生低频振荡。

由于本书提出方法的主要特色是基于孤立离群点进行检测的方法，为了进一步充分验证本书提出方法的准确性和有效性，作者选择文献［62］中提出的一种传统电力系统预警局部异常因子（LOF）方法作为对比。LOF 方法也是对孤立离群点进行检测的方法，该方法具有考虑相对距离因素的特点。因此，作者选择与本书方法具有高度相似性的 LOF 方法进行对比，仿真结果将更具说服力和可信性。使用传统低频振荡预警 LOF 方法对相同电网大数据进行仿真，结果如图 2.8 所示。

LOF 方法检测规则为［62］：若系统不存在孤立离群点，则 LOF 方法的数值越接近数值 1，系统未发生低频振荡；若系统有孤立离群点存在，LOF 方法的数值会根据孤立离群点离群程度逐渐变大，系统将发生低频振荡。从图 2.8 中，可以观察出使用 LOF 方法节点 12、节点 14、节点 15 和节点 25 在数值 1 附近，其他节点或多或少大于 1 或小于 1，甚至节点 17 和节点 23 的 LOF 方法数值已经达到 1.1 附近，发生了误判现象。两种不同计算方法的具体数值结果如表 2.1 所示。

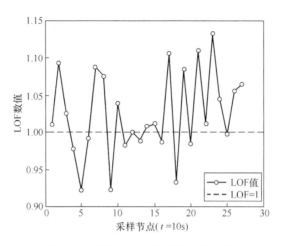

图 2.8　传统电力系统预警 LOF 方法

表 2.1　无低频振荡 Vinnicombe 距离与 LOF 数值计算结果

节点序号	Vinnicombe 距离值	LOF 方法数值	阈值理论值	本书方法	LOF 方法
1	0	1.0101	$h=0$	$h=0$	$h=0$
2	0.0002186	1.0932	$h=0$	$h=0$	$h=-1$
3	0.0004538	1.0025	$h=0$	$h=0$	$h=0$
4	0.0000456	0.9774	$h=0$	$h=0$	$h=0$
5	0.0004685	0.9226	$h=0$	$h=0$	$h=-1$
6	0.0004489	0.9914	$h=0$	$h=0$	$h=0$
7	0.0005287	1.0871	$h=0$	$h=0$	$h=0$
8	0.0003497	1.0762	$h=0$	$h=0$	$h=0$
9	0.0000969	0.9237	$h=0$	$h=0$	$h=-1$
10	0.0006237	1.0382	$h=0$	$h=0$	$h=0$
11	0.0004687	0.9828	$h=0$	$h=0$	$h=0$
12	0.0003152	1.0003	$h=0$	$h=0$	$h=0$
13	0.0000827	0.9903	$h=0$	$h=0$	$h=0$
14	0.0004209	1.0087	$h=0$	$h=0$	$h=0$
15	0.0006732	1.0014	$h=0$	$h=0$	$h=0$
16	0.0003716	0.9885	$h=0$	$h=0$	$h=0$
17	0.0002108	1.1061	$h=0$	$h=0$	$h=-1$
18	0.0004938	0.9342	$h=0$	$h=0$	$h=0$
19	0.0003516	1.0831	$h=0$	$h=0$	$h=0$
20	0.0008903	0.9845	$h=0$	$h=-1$	$h=0$
21	0.0008489	1.1096	$h=0$	$h=-1$	$h=-1$
22	0.0007019	1.1021	$h=0$	$h=0$	$h=0$
23	0.0005802	1.1336	$h=0$	$h=0$	$h=-1$
24	0.0004324	1.0448	$h=0$	$h=0$	$h=0$
25	0.0002022	0.9973	$h=0$	$h=0$	$h=0$

节点序号	Vinnicombe 距离值	LOF 方法数值	阈值理论值	本书方法	LOF 方法
26	0.0001605	1.0560	$h=0$	$h=0$	$h=0$
27	0.0002745	1.0638	$h=0$	$h=0$	$h=0$

2.3.2　电力系统未正常运行工况

当 $t=75\text{s}$ 时，电力系统处于未正常运行工况。电力系统发生低频振荡运行时 Vinnicombe 距离图与根据 Vinnicombe 距离数据计算得到的二维图如图 2.9 所示。

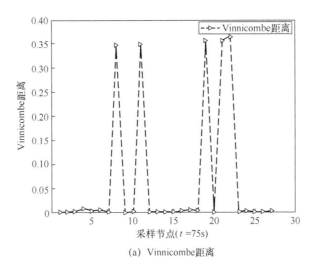

(a) Vinnicombe 距离

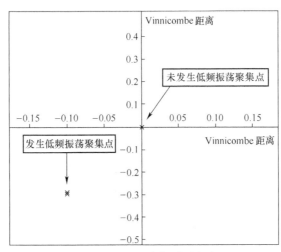

(b) Vinnicombe 距离在二维坐标表示图

图 2.9　电力系统低频振荡状态下 Vinnicombe 距离数据分析结果

23

由图 2.9（a）可见，节点 8、节点 11、节点 19、节点 21 和节点 22 之间的 Vinnicombe 距离值与其他节点数值相差很大。在图 2.9（b）中，二维坐标图更直观地表示出节点 8、节点 11、节点 19、节点 21 和节点 22 远离其他节点成为孤立离群点。此时选择基于 Vinnicombe 距离方法的电力系统低频振荡幅值预警指标阈值 $h = -1$，表示电力系统发生低频振荡。同样采用传统低频振荡预警 LOF 方法作为对比分析，结果如图 2.10 所示。

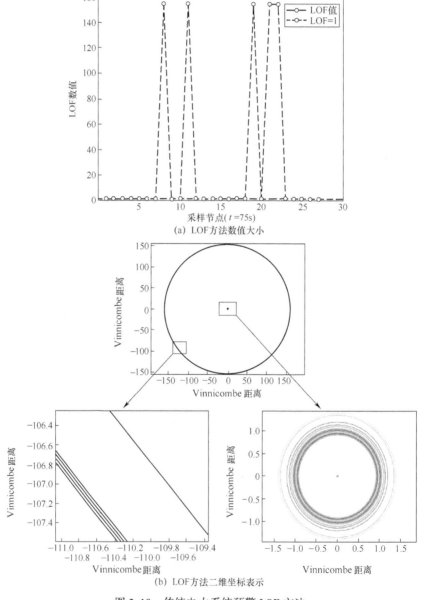

（a）LOF 方法数值大小

（b）LOF 方法二维坐标表示

图 2.10　传统电力系统预警 LOF 方法

由图 2.10（a）可见，节点 8、节点 11、节点 19、节点 21 和节点 22 的 LOF 方法数值接近 150，其他节点在数值 1 附近。图 2.10（b）上半部分表示以坐标原点作为圆心，LOF 方法具体数值大小作为圆半径，图 2.10（b）左下部分圆半径在数值 150 左右，表示系统发生低频振荡，图 2.10（b）右下部分圆半径在数值 1 附近，具体数值计算结果见表 2.2。

表 2.2 有低频振荡时 Vinnicombe 距离方法与 LOF 方法数值计算结果

节点序号	Vinnicombe 距离值	LOF 方法数值	阈值理论值	本书方法	LOF 方法
1	0	0.9936	$h=0$	$h=0$	$h=0$
2	0.0008	1.1137	$h=0$	$h=0$	$h=-1$
3	0.0016	1.0487	$h=0$	$h=0$	$h=0$
4	0.0078	1.0302	$h=-1$	$h=0$	$h=0$
5	0.0043	0.9913	$h=0$	$h=0$	$h=0$
6	0.0050	0.9981	$h=0$	$h=0$	$h=0$
7	0.0012	1.0035	$h=0$	$h=0$	$h=0$
8	0.3453	154.1982	$h=-1$	$h=-1$	$h=-1$
9	0.0010	0.9326	$h=0$	$h=0$	$h=0$
10	0.0017	1.1010	$h=0$	$h=0$	$h=-1$
11	0.3483	154.2242	$h=-1$	$h=-1$	$h=-1$
12	0.0006	0.9973	$h=0$	$h=0$	$h=0$
13	0.0014	1.0157	$h=0$	$h=0$	$h=0$
14	0.0009	0.9972	$h=0$	$h=0$	$h=0$
15	0.0001	1.0131	$h=0$	$h=0$	$h=0$
16	0.0028	0.9966	$h=0$	$h=0$	$h=0$
17	0.0059	1.3564	$h=0$	$h=0$	$h=-1$
18	0.0033	0.9987	$h=0$	$h=0$	$h=0$
19	0.3553	153.4659	$h=-1$	$h=-1$	$h=-1$
20	0.0021	1.2033	$h=0$	$h=0$	$h=-1$
21	0.3564	154.2790	$h=-1$	$h=-1$	$h=-1$
22	0.3659	154.2517	$h=-1$	$h=-1$	$h=-1$
23	0.0017	1.3971	$h=0$	$h=0$	$h=-1$
24	0.0025	1.0035	$h=0$	$h=0$	$h=0$
25	0.0006	0.9951	$h=0$	$h=0$	$h=0$
26	0.0003	1.0004	$h=0$	$h=0$	$h=0$
27	0.0022	1.0053	$h=0$	$h=0$	$h=0$

通过表 2.1 与表 2.2 的数据可以得到两种方法检测综合对比结果，如表 2.3 所示。

表 2.3　Vinnicombe 距离法与 LOF 方法检测结果

模式	理论值	本书方法（%）	LOF 法（%）	本书方法误差（%）	LOF 法误差（%）
无低频振荡	100	92.59	77.78	7.41	22.22
有低频振荡	100	96.30	81.48	3.70	18.52

通过分析表 2.1 无低频振荡发生的结果与表 2.2 有低频振荡发生的结果，再结合表 2.3 两种方法检测综合对比结果，可以得出当无低频振荡发生时，使用本书方法在节点 19 和节点 20 出现轻微误判现象，而运用传统 LOF 方法在节点 2、节点 5、节点 9、节点 17、节点 21 和节点 23 均出现了低频振荡误判现象，使用本书方法可有效提高 14.81% 的识别精度。当有低频振荡发生时，本书方法仅在节点 4 出现误判现象，而运用传统 LOF 方法检测低频振荡在节点 2、节点 10、节点 17、节点 20 和节点 23 处均出现误判现象，使用本书方法可有效提高 14.82% 的识别精度。上述分析结论综合体现出使用本书提出方法可提高预警电力系统低频振荡识别精度的有效性与准确性，但是任何方法都不是完美的，本书方法也不例外，会产生误判现象，出现的大部分误差都是在节点距离接近数值 0 处发生。

2.4　本章小结

针对电力系统低频振荡幅值预警指标识别精度不高的问题，本书提出一种基于关键特征广域降维数据 Vinnicombe 距离的提高电力系统低频振荡预警精度研究的方法，并设计整个方法的实现步骤。本书方法的特色在于通过电网大数据降维分析，可以直观准确地对低频振荡现象作出预警，识别精度较高，并与传统电力系统低频振荡预警 LOF 方法进行比较，在 10 机 39 节点新英格兰系统上进行了仿真验证。仿真结果表明，本书方法相比传统 LOF 方法在发生低频振荡和未发生低频振荡两种情况下，幅值预警精度均得到提升，充分说明运用本书方法对有低频振荡和无低频振荡情况均能有效地进行检测，且误差较小。因此，本书方法可以有效地解决电力系统低频振荡预警问题，适用于大型电力系统低频振荡预警，对新能源接入电力系统低频振荡预警有借鉴作用。但作者发现如何将本书方法与多特征量综合预警指标相结合，以及如何分析并消除误判现象产生的原因，仍需在后续研究工作中进一步完善。

第3章
电力系统广域输入信号的优化选择

随着社会的发展，对电力系统的要求越发严格，电网的规模扩大，广域电力系统的稳定运行变得非常重要，WAMS 通过实时采集区域间电力设备的信号来控制区域间的发电机稳定运行，电网运行、网络结构、负载潮流、发电机励磁低频振荡现象都是由于发电机阻尼不足引起的。因此，通过有效方法选出有效控制信号，实现对广域电力系统更好地控制，成为电力工作者重要的前沿科学问题。

在通常情况下，电力系统广域稳定器往往依靠激励信号对系统进行控制，而采用无效的控制信号会导致系统 PSS 错误地对系统进行阻尼补偿，降低 WAMS 对电力系统的控制效果。有效控制信号与无效控制信号分别作用于电力系统下系统稳定性的效果图，如图 3.1 所示。

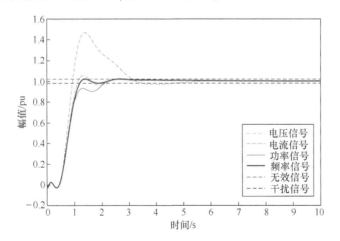

图 3.1　不同信号作用于电力系统稳定性效果

由图 3.1 可见，PMU 采集的信号对电力系统的稳定控制存在一定差异，无效信号及干扰信号直接导致系统无法正常运行。因此，需要对 WAMS 控制信号进行有效选择，通常可以采用提出主模比、信号评价容忍度、贡献因子等标准。但通过留数等方法，信号选择计算量大，且需要根据控制器地点进行信号选取，不适用于广域电力系统控制信号选择，故本章提出一种针对广域电力系统控制信号的优化选择方法，该方法借助核主成分分析对信号进行选择，把信号映射到高维空间，通过核函数对有效的电力系统信号进行选择。

　　本章首先针对广域电力系统广域阻尼控制中未考虑控制信号有效选择的问题，建立广域电力系统闭环模型结构，然后考虑随机通信时滞分布规律，使用基于核主成分分析方法[63]与基于残差卡尔曼滤波方法[64]，并将两种方法进行结合得到广域电力系统控制信号优化选择的方法（Kernel Principal Component Analysis Kalman，KPCAK），该方法能够根据指标权衡控制信号对系统的贡献率，更加精确地筛选出有效的控制信号，更好地保证电力系统运行。

3.1 系统模型与基本理论

3.1.1 含干扰电力系统模型

　　根据广域电力系统的实际运行情况，构造电力系统真实模型，如图 3.2 所示。简化的系统模型能够更加准确地模拟电力系统在信号选择优化时的问题。真实系统中存在多个干扰信号，而本书是以两个干扰信号为例进行说明的[65]。

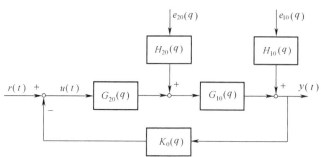

图 3.2　电力系统真实模型

闭环电力系统表达式为

$$y(t) = G_{10}(q)G_{20}(q)u(t) + H_{10}(q)e_{10}(q) + G_{10}(q)H_{20}(q)e_{20}(q)$$

$$u(t) = -K_0(q)y(t) + r(t) \tag{3.1}$$

可简化为

$$y(t) = S_0(q)G_0(q)r(t) + S_0(q)H_0(q)e_0(q)$$

$$u(t) = S_0(q)r(t) - S_0(q)K_0(q)H_0(q)e_0(q) \tag{3.2}$$

式中：$S_0(q) = (1 + G_0(q)K_0(q))^{-1}$ 为灵敏度函数。

3.1.2　基本理论

1. 信号选择方法

广域电力系统信号的输入最优情况是作用于阻尼控制器上能提升广域间系统的阻尼信号，而不是系统中所有的电气量信号，即需要通过从广域电气量信号中找到能够提升区域间系统阻尼的有效激励信号，这样才能最大限度地提高阻尼控制器的作用效果，降低系统发生低频振荡的概率。

目前，核主成分分析方法（Kernel Principal Component Analysis，KPCA）是在主成分分析方法（Principal Component Analysis，PCA）的基础上更好地将电力系统信号线性化处理，将电力系统信号引入高阶的线性空间，通过贡献率减小信号的输入空间，从而提取信号的有效变量实现信号选择。如果电力系统信号数据集为 X_1，X_2，$\cdots$，X_N，$X_i \in R^d$，通常借助核主成分贡献率 Y_i 来对输入的信号进行选择，选择步骤如下。

（1）计算信号样本集的协方差矩阵：

$$\mathrm{Cov}(X) = (c_{jj})_{d \times d} \tag{3.3}$$

（2）求解目标函数：

$$\max \alpha^{\mathrm{T}} \mathrm{Cov}(X)\alpha \quad \mathrm{s.t.} \; |\alpha| = 1 \tag{3.4}$$

计算信号数据集协方差阵 $\mathrm{Cov}(X)$ 的特征值与特征向量，选取所有信号集的特征值对应的特征向量组成 $\alpha_{d \times k}$。

（3）降维后的信号集：

$$Y_{d \times k} = \alpha^{\mathrm{T}} X_{d \times k} \tag{3.5}$$

通过信号有效性的主成分 Y_i 贡献率对降维后的信号进行优化选择，信号有效性的贡献率为 $\lambda_i \big/ \sum\limits_{i=1}^{d} \lambda_i$，累计的信号有效性贡献率为 $\sum\limits_{i=1}^{k} \lambda_i \big/ \sum\limits_{i=1}^{d} \lambda_i$，当信号的有效性贡献率达到 90% 以上时，可以判断该信号贡献率大于其他信号的贡献率，从而挑出成分贡献率高的信号。

2. 基于残差离散卡尔曼滤波器信号优化方法

传统的卡尔曼滤波通过上一秒的测量值对下一秒的测量值进行观测，这样粗略的估计存在一定的误差，而提出基于残差的离散卡尔曼滤波算法可以实现通过观测残差及其信息协方差的量值对误差精度降低，滤波器在检测电力系统参数同步信息交换的同时，能够忽略误差大的量测值、测量噪声、过程噪声协方差阵。能够降低在滤波器估计时存在的误差，具体如下。

定理 3.1　$k + 1$ 时刻残差为

$\Lambda(k+1) = \overline{y}(k+1) - H(k+1) \cdot \hat{x}(k+1\,|\,k)$，残差是可观测参数。并且，最优滤波残差序列 $\{\Lambda(k+1)\}$ 为高斯白噪声序列。它的理论协方差为

$$\Psi_v(k+1) = R(k+1) + H(k+1) \cdot P(k+1\,|\,k) \cdot H^{\mathrm{T}}(k+1) \quad (3.6)$$

采样方差 $\Psi(k+1)$ 的估计值 $\overset{\wedge}{\Psi}(k+1)$ 的递推公式如式（3.7）所示，其中 N 为采样点数，且有 $N \leqslant k$。

$$\overset{\wedge}{\Psi}(k+1) = \overset{\wedge}{\Psi}(k) + \frac{1}{N}[\Lambda(k) \cdot \Lambda^{\mathrm{T}}(k) - \Lambda(k-N) \cdot \Lambda^{\mathrm{T}}(k-N)] \quad (3.7)$$

于是利用协方差的匹配方法得到了测量噪声方差的更新方程：

$$\hat{R}(k+1) = \overset{\wedge}{\Psi}_{v\Lambda k} - H(k+1) \cdot P(k+1\,|\,k) \cdot H^{\mathrm{T}}(k+1) \quad (3.8)$$

定理 3.2 电力系统辨识模型的状态修正定义为

$$\Lambda_{x(k+1)} = \hat{x}(k+1) - \overset{=}{x}(k+1)$$

即

$$\Lambda_{x(k+1)} = \hat{x}(k+1) - \overline{x}(k+1) - A \cdot \hat{x}(k) + A \cdot x(k) + \overline{\omega}(k) \quad (3.9)$$

由于估计误差是不独立的，所以为了避免相关性，把式（3.9）改写为

$$\Lambda_{x(k+1)} - \hat{x}(k+1) + \overline{x}(k+1) = -A \cdot [\hat{x}(k) - \overline{x}(k)] + \overline{\omega}(k) \quad (3.10)$$

令 $\Delta(k+1) = \hat{x}(k+1) - \overline{x}(k+1)$，则式（3.10）两边取方差为

$$E\{(\Lambda_{x(k+1)} - \Delta(k+1)) \cdot (\Lambda_{x(k+1)} - \Delta(k+1)^{\mathrm{T}})\}$$
$$= A \cdot P(k+1\,|\,k) \cdot A^{\mathrm{T}} + Q(k) \quad (3.11)$$

此时分两种情况讨论：

（1）当 $E\{\Lambda_{x(k+1)} \cdot \Delta^{\mathrm{T}}(k+1)\} = 0$ 时，式两边取方差得

$$E\{\Lambda_{x(k+1)} \cdot \Lambda_{x(k+1)}^{\mathrm{T}}\} = A \cdot P(k+1\,|\,k) \cdot Q^{\mathrm{T}}(k+1\,|\,k) +$$
$$Q(k+1) - P(k+1) \quad (3.12)$$

于是可以得到系统噪声方差的更新方程：

$$\hat{Q}(k+1) = \hat{Q}_{v_{x(k+1)}} + P(k+1) - A \cdot P(k+1\,|\,k) \cdot A^{\mathrm{T}} \quad (3.13)$$

（2）当 $E\{\Lambda_{x(k+1)} \cdot \Delta^{\mathrm{T}}(k+1)\} \neq 0$ 时，

$$E\{\Lambda_{x(k+1)} \cdot \Delta^{\mathrm{T}}(k+1)\} = E\{\hat{x}(k+1) - \overset{=}{x}(k+1) \cdot \Delta^{\mathrm{T}}(k+1)\}$$

而 $\Delta(k+1) = [I - Kg(k+1) \cdot H(k+1)][\overset{=}{x}(k+1) - \overline{x}(k+1)] +$
$$Kg(k+1) \cdot H(k+1)$$

因此，最后的期望为

$$
\begin{aligned}
E\{\Lambda_{x(k+1)} \cdot \Lambda_{x(k+1)}^{\mathrm{T}}\} = {} & A \cdot P(k+1|k) \cdot A^{\mathrm{T}} + P(k+1) + \\
& Q(k+1) - P(k+1|k) \times \\
& [I - Kg(k+1) \cdot H(k+1)]^{\mathrm{T}} - \\
& [I - Kg(k+1) \cdot H(k+1)] \times \\
& P(k+1|k)
\end{aligned}
\tag{3.14}
$$

取 L 个采样均值：

$$
\hat{\Psi}_{x(k+1)} = \hat{\Psi}_{x(k)} + \frac{1}{L}[\Lambda_{x(k+1)} \cdot \Lambda_{x(k+1)i}^{\mathrm{T}} - \Lambda_{x(k+1-L)} \cdot \Lambda_{x(k+1-L)}^{\mathrm{T}}]
$$

于是可得噪声协方差估计：

$$
\begin{aligned}
\hat{Q}(k+1) = {} & \hat{\Psi}_{x(k+1)} + P(k+1) - A \cdot P(k+1|k) \cdot A^{\mathrm{T}} - \\
& P(k+1|k) \cdot [I - Kg(k+1) \cdot H(k+1)]^{\mathrm{T}} - \\
& [I - Kg(k+1) \cdot H(k+1)] \cdot P(k+1|k)
\end{aligned}
$$

$$
\hat{\Psi}_{x(k+1)} = \hat{\Psi}_{x(k)} + \frac{1}{L}[\Lambda_{x(k+1)} \cdot \Lambda_{x(k+1)i}^{\mathrm{T}} - \Lambda_{x(k+1-L)} \cdot \Lambda_{x(k+1-L)}^{\mathrm{T}}]
\tag{3.15}
$$

基于残差的离散卡尔曼滤波器结构，如图 3.3 所示。

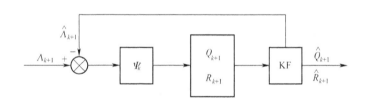

图 3.3 基于残差的离散卡尔曼滤波结构

3.2 基于 KPCAK 信号优化选择方法

3.2.1 信号优化选择效果指标

针对信号的有效选择，提出了一种基于 KPCAK 方法的信号有效选择的主成分贡献率指标，该指标用于描述有效信号能够得到全部反馈信号的控制效果，根据仿真对有效信号的控制效果进行量化评估，对比有效信号与无效信号对广域电力系统稳定性的影响。

$\tilde{s}_l$、$\hat{s}_l$、s_i 分别表示有效选择优化后的信号、选择的信号、未经选择的信号，t_n 表示信号采集的数据长度。信号选择主成分率指标的定义：

$$\sigma = \sqrt{\frac{1}{t_n}(\tilde{s}_l - \hat{s}_l)^2} \Big/ \sqrt{\frac{1}{t_n}(s_i - \hat{s}_l)^2} \tag{3.16}$$

通过信号的协方差表示信号优化选择的效果指标，当 $\sigma < 1$ 时，说明经过有效选择的控制信号能完全代替整个系统的控制信号；当 $\sigma \geqslant 1$ 时，说明经过选择的信号不能对信号进行有效选择。

3.2.2　优化选择方法步骤

基于上述相关基本理论和定理，提出一种基于 KPCA 选择和卡尔曼滤波器优化的信号优化选择方法（即 KPCAK），信号选择方法的流程图如图 3.4 所示，具体步骤如下。

步骤 1：从新英格兰实际系统中读取 45min 系统运行的各个地区的所有参数的电气量并进行统计，分别为有效电流 I_M、相电流 I_A、有效电压 V_M、相电压 V_A、频率 F。

步骤 2：对已经得到 PMU 采样的信号进行预处理，剔除异常数据和滤波处理，得到便于处理的目标信号，便于对信号进行选择。

步骤 3：根据 KPCA，由于信号复杂且是高维空间，首先将所得信号映射到高维空间，将所有信号转化为线性信号，根据核主成分贡献率 Y_i 对信号的有效性进行筛选，如果所有信号的贡献率都低于标准，不满足输出条件，则返回至步骤 1 重新对系统信号数据进行提取。

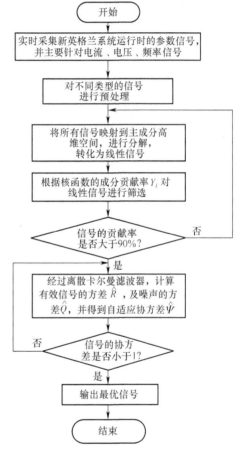

图 3.4　基于 KPCAK 信号优化选择方法的流程

步骤 4：根据步骤 3 所得的有效信号，使用基于残差的离散卡尔曼滤波器对信号进行优化。根据离散卡尔曼滤波器，计算输入信号的测量方差 $\hat{R}$，以及信号噪声方差 $\hat{Q}$。通过测量方差与噪声方差相比得到信号的协方差 $\hat{\Psi}$，通过协方差能够得到输入信号的最优解。

步骤 5：根据基于残差的卡尔曼滤波器的优化范围，缩小协方差的范围，直至得到唯一的最优信号的解。如果不能输出唯一最优的信号解，则返回至步骤4，对信号继续滤波，直至输出最优信号的解；并用信号优化效果指标 σ 对筛选信号进行评价，判断是否为最优信号。

步骤 6：系统达到条件，输出选择优化后的最优信号作为激励信号作用于控制器。

3.3　算法收敛性分析

给定初始电力系统模型状态空间表达式如下：

$$x_d(t + 1) = Ax_d(t) + Bu_d(t)$$

$$y_d(t) = Cx_d(t) \tag{3.17}$$

由于算法的收敛性是高阶线性的时滞电力系统，因此很难证明算法的收敛性。由于 KPCAK 算法的动态特性是高阶线性系统，在本节中，将算法稳定性转化为时滞系统的稳定性进行证明，证明动态系统具有时滞的要求，借助李雅普诺夫定理[66]证明系统符合半稳态要求，算法形式构造为

$$u(t) = \dot{\xi}(t) = f(\xi(t)) + \sum_{i=1}^{n_d} f_{d_i}(\xi(t - \tau_i))$$

$$\xi(\theta) = \phi(\theta), \quad -\tau^* \leqslant \theta \leqslant 0, \ t \geqslant 0 \tag{3.18}$$

定理 3.3　如果存在非空子集 $D \subseteq \Omega$，$\xi_i^0(t) \in D$，这样对于所有的 $t \geqslant 0$ 存在 $\xi(t) \in \Omega$。

$$\lim_{t \to \infty} \| \xi_i(t) - \xi_v(t) \| = 0, \ 1 \leqslant i \leqslant n \tag{3.19}$$

如果需要解决时滞系统非负零解的稳定性，需要对式（3.17）给出的定义进行修改。事实上，需要根据包含平衡解 $\xi_i(t) = 0$ 的 $\overline{\mathbb{R}}_+^n$ 的相对开放子集来定义系统。

定理 3.4　如果 $f_i(\xi) \geqslant 0$ 对于所有的 $i = 1, \cdots, n$ 和 $\xi \in \overline{\mathbb{R}}_+^n$，$f$ 本质上是非负的，例如 $\xi_i(t) = 0$，当 $f = [f_1, \cdots, f_n]^{\mathrm{T}}$ 时，$\mathcal{H} \to \mathbb{R}^n$，其中 $\mathcal{H}$ 是一个开放子集，包含于 $\overline{\mathbb{R}}_+^n$。

定理 3.5　考虑由式（3.19）给出的非线性时滞电力系统的信号子集，如果 $f(\cdot)$ 为负数，$f_d(\cdot)$ 为非负数，则存在每个 $\phi(\cdot) \in C_+$，$C_+ \triangleq \{ \varphi(\cdot) \in$

C：$\varphi(\theta) \geqslant 0$，$\theta \in [-\tau^*, 0]$，然后存在解 $\xi_i(t)$，即证明系统为稳态，间接证明算法收敛。

证明过程符号注释如表 3.1 所示。

表 3.1 符号注释

符号	含义	符号	含义
$\mathbb{R}^n$	n 维空间	$x \gg 0$，$x \in \mathbb{R}^n$	x 的正组成部分
$\overline{\mathbb{R}^n_+}$	$\mathbb{R}^n$ 的非负象限	$A \gg 0$，$A \in \mathbb{R}^{n \times m}$	非负矩阵

3.4 系统仿真验证

为了验证本章所述方法，通过 Kunder 的四机两区模型进行仿真，如图 3.5所示。

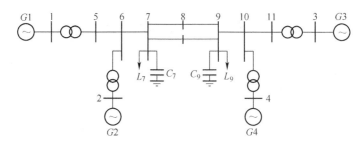

图 3.5 四机两区电力系统

3.4.1 ISO-NE 实时在线采集 PMU 信号

PMU 数据信号来自 ISO-NE（新英格兰系统部分片段），它是美国东部互联的电力系统，如图 3.6 所示，其峰值负荷约为 26000MW。信号来源于 2017 年 6 月 17 日系统发生低频振荡读取的一段电力系统实时数据[67]，提供的 PMU 数据展示了从开始振荡前后周期 45min 的振荡数据，数据包含了观测系统 0.27Hz 的振荡。本章针对已有 PMU 信号对系统的控制影响进行分析，依据本章提出的算法对不同类型的信号进行有效选取，从众多电气信号中选择出能够有利于电力系统运行的信号。

根据真实新英格兰系统采集的 12 个子站的全部电气信息量中的信号为实验数据进行仿真，由于系统信号数据量庞大，在此只展示 1 个子站中电压、电流、转子角等参数信号，具体值如表 3.2 所示。

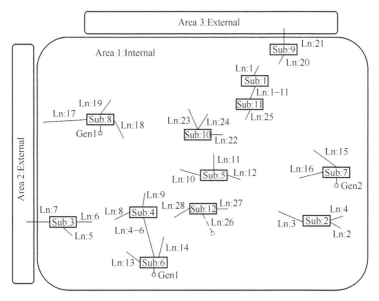

图 3.6 新英格兰系统

表 3.2 PMU 数据信号

子站	子站 1 线路 1			子站 1 线路 2	
时间/s	频率/Hz	电压/kV	电流/A	电压/kV	转子角/(°)
0	60.03	205.1355	113.4106	246.0403	−52.9467
0.033	60.03	205.1342	113.7659	245.7559	−52.5620
0.067	60.03	205.1389	114.1301	245.8354	−52.2041
0.1	60.03	205.1375	114.4889	245.6425	−51.7842
0.133	60.03	205.1443	114.8603	245.7712	−51.3890
0.167	60.03	205.1332	115.2290	245.2883	−51.1690
0.2	60.03	205.1407	115.5872	245.6588	−50.8372
0.233	60.03	205.1506	115.9573	245.4019	−50.4155
0.267	60.03	205.1403	116.3272	245.2974	−50.0561

3.4.2 电压信号优化选择对比

由于电力系统中信号数据种类多，信号数据非常庞大，因此本章只针对采集信号中电压信号、电流信号和频率信号进行了优化和验证。为了更好地表现优化结果，只选择采集信号中 6 个子站的信号进行计算。通过 PMU 采集数据可以得到电压有效值，通过信号预处理[32]方法处理信号数据可以得到初始信号图。通过预处理信号获得，并通过 KPCAK 方法对信号优化选择指标进行分析，从数据信号中选择出最优信号。通过优化残差卡尔曼滤波器获得最优有效电压信号，如图 3.7 和图 3.8 所示。

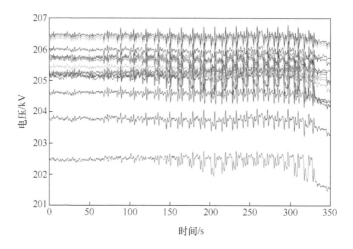

图 3.7　PMU 采集的各个子站的电压信号

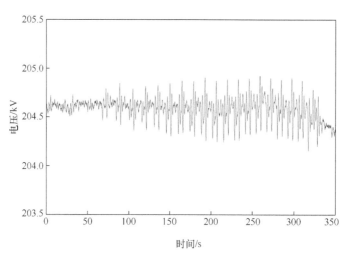

图 3.8　最优有效电压信号

由图 3.8 可见，KPCAK 算法可以从众多电压信号中选择最优信号。与所有信号相比，所选电压信号在 0~30s 相对稳定，30s 后振幅更加明显，但相比其他信号波动范围最小。因此，经过 KPCAK 算法选择后的有效电压信号能够作为最优激励信号作用于系统控制器。

3.4.3 电流信号优化选择对比

图 3.9 所示为 PMU 所有子站中电流信号。经过 KPCAK 方法选择过后的最优电流如图 3.10 所示。

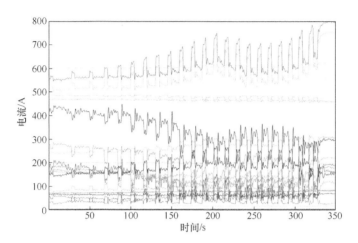

图 3.9 PMU 所有子站中电流信号

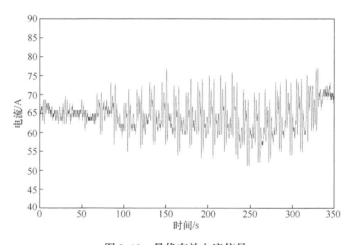

图 3.10 最优有效电流信号

由图 3.9 可知，不同子站的电流信号波动较为明显，通过核主成分贡献率选择不同子站中信号对系统起到稳定作用的有效信号。对比图 3.9 和图 3.10 可以看出，信号波动较小，选择的有效电流信号的幅值变化较小，并且振动的幅度相比于所有的电流信号是比较稳定的。而所有电流信号中排除个别信号振幅超过了 50A，大部分电流信号振幅超过了 20A。因此，可以说明通过最优电流信号使发电机运行相对稳定，从而保证系统运行相对稳定。

3.4.4 频率信号优化选择对比

在图 3.11 中，频率信号的变化并不十分明显。结果表明，电力系统在这段时间运行相对稳定，从所有子站的频率信号图中可以看出，信号频率变化不大，但是会有个别信号含有噪声，会影响控制器对系统的控制效果。通过 KPCAK 方法选择出有效电流信号，最优频率信号如图 3.12 所示。

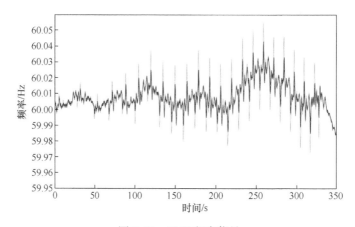

图 3.11　PMU 频率信号

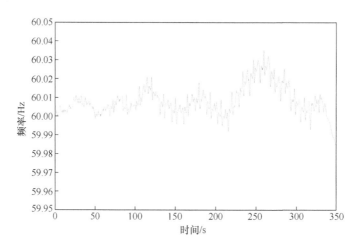

图 3.12　最优频率信号

对比图 3.11 和图 3.12 可知，发电机的频率信号在个别子站出现了大幅振荡，导致整个电力系统产生低频振荡。其余大部分频率信号振荡范围不大，基本维持在 60Hz 左右，在 250s 后信号振荡慢慢趋于稳定。通过 KPCAK 方法得到的最优频率信号能够去除信号中的噪声，并且根据主成分贡献率选择出振荡幅度最小的频率信号曲线作为激励信号，优化选择的信号能够保证系统的稳定运行。三种电气量信号优化选择后，对信号的功率谱密度曲线进行分析，如图 3.13 所示。

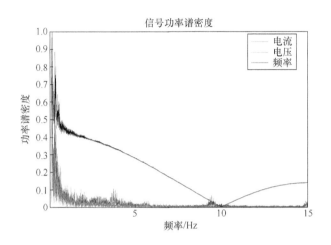

图 3.13 不同信号的功率谱密度

由图 3.13 可见，频率信号频谱变化明显，电流和电压信号变化较小，很快趋于稳定，波动较小。结果表明，频率信号受无效信号和噪声信号的影响较小，而电流和电压信号受噪声信号的影响较大。有效的选择可以为系统的稳定运行提供良好的控制信号。

3.4.5 电力系统转子角及有功功率振荡曲线

根据本章选择出的有效信号，把它作为激励信号作用于四机两区系统进行仿真，如图 3.5 所示。为了更加真实地还原广域电力系统，在系统中加入干扰信号、高斯白噪声（均值为 0，方差为 1），电压优化选择信号作为激励信号，与贡献因子选择方法[30]进行对比，模拟电力系统实际运行时间长度为 180s，通过示波器记录发电机的转子曲线和有功功率曲线，通过曲线反映信号对系统的作用，不同激励信号对电力系统转子角振荡控制曲线如图 3.14 所示。

由图 3.14 可见，在不同激励信号作用下，广域阻尼控制器对系统有功功率的影响比较明显，经过本书方法优化后的激励信号作用于广域阻尼控制器的效果更加明显，系统转子角曲线稳定得更快。当原始 PMU 信号和基于贡献因子方法选择信号作为激励信号时，系统有功功率振荡曲线趋于平稳时间在

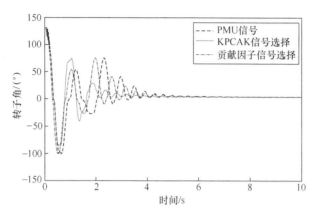

图 3.14　不同激励信号对电力系统转子角振荡控制曲线

4s 左右，而使用本书提出方法趋于平稳时间在 6s 左右，提高了约1/3，说明经过优化选择的控制信号能够在一定程度上准确地控制发电机的运行，从而使系统快速达到稳定，证明控制信号的优化选择对发电机的稳定运行具有一定作用。四机两区系统有功功率振荡曲线如图 3.15 所示。

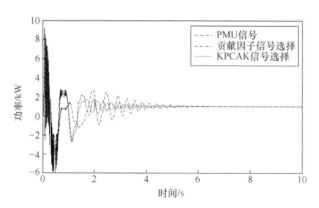

图 3.15　电力系统有功功率振荡曲线

从图 3.15 中可以看出，同时用优化选择的信号与原始信号作用于广域阻尼控制器，广域电力系统的有功功率曲线存在差距。未经优化选择的激励信号振幅要比经过本书方法优化的激励信号大 1dB 左右，而稳定时间相比于本书方法激励信号要慢 2s 左右。说明经过优化选择的信号能够在一定程度上影响广域系统的有功功率输出，减小功率的波动，有利于系统的稳定运行。

3.5 本章小结

本章研究了基本的广域电力系统控制信号有效选择的问题，提出采用 KPCAK 方法对电力系统输入信号的有效性进行选择与优化；首先通过核函数对输入的各种类型电压、电流、频率信号进行选择；其次通过离散卡尔曼滤波器对选择后的信号进行滤波，去除噪声优化有效信号；最后通过 Matlab/Simulink 四机两区系统进行验证。

本章为第四章的研究工作做了铺垫，在控制信号有效性的基础上，进一步提出广域电力系统有效信号存在时滞的解决方法，提出一种时滞补偿器，进一步解决信号中通信时滞对广域电力系统控制的影响。

第4章
考虑广域电力系统输入信号的时滞补偿

电力系统广域信息数据存在通信时滞，使得广域电力系统变成时滞电力系统。时滞会影响 WAMS 对广域电力系统的判断，降低电力系统的稳定性，还可能会造成大规模停电事故。由于传输广域信号引起的通信时滞在一定程度上会导致电力系统阻尼控制效果不佳，从而系统发生低频振荡。

真实运行的电力系统中时滞的存在是不可避免的，时滞存在于广域系统数据测量、信号处理、信号传递等过程中。在现有的处理方法中，主要用 Smith 时滞补偿和 Pade 近似方法以及 Prony 方法对时滞进行补偿，但是现有方法对系统模型精度要求极高，受误差的影响十分敏感，抗噪声能力较弱，会影响对广域电力系统的控制效果。因此，根据上述问题，需要提高时滞系统模型精度，提出一种基于随机时滞分布规律的改进 Prony 时滞补偿方法。该方法在第 3 章研究的信号有效选择的基础上，考虑有效的控制信号的通信时滞补偿，补偿后的控制信号可以在线实时反映系统运行时系统的真实情况并作为激励信号作用于阻尼控制器。

4.1 基于随机时滞的分布规律

4.1.1 广域电力系统随机时滞

广域通信时滞由多部分组成。按照电力系统的一次系统划分，可以将时滞分为数据采集时滞和 WAMS 信号通信时滞。数据采集时滞为 PMU 信号数据采集；WAMS 信号通信为同步相量信号传输，信号经过数据处理作用于控制器等步骤。这些步骤不会对相量采集结果产生影响，WAMS 依赖实时数据进行电网运行状态分析和控制，一旦不能避免通信时滞带来的影响，在一定程度上会导致系统发生低频振荡，如图 4.1 所示。

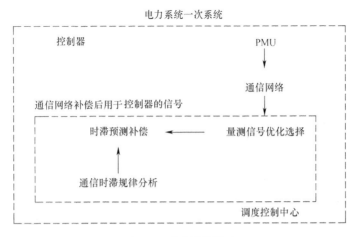

图 4.1 时滞补偿策略

4.1.2 基于 t 分布时滞分割理论

由于时滞电力系统信号参数的解空间是无穷维的，即时滞电力系统的演化不仅依靠系统的当前状态，还依赖过去某段时间内的状态。因此本书根据信号时滞的 t 分布特性，由局部估计整体的方法对时滞进行分割处理，并分段对分割时滞进行自适应的补偿，相对于固定时滞，本书方法充分考虑时滞的分布特性以及历史系统运行状态。根据中国南方电网的系统数据对广域电力系统的时滞进行总结，可知，广域电网 60% 的时滞是在 65~70ms，通信时滞范围在 0~100ms。南方电网通信时滞分布图如 4.2 所示。

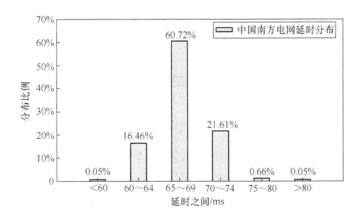

图 4.2 中国南方电网通信时滞分布

已知广域测量系统的信号随机时滞是符合正态分布规律的。随着信号输

43

入量的不断增加，依据 t 分布的特点对信号的时滞进行分割处理，发生时滞较大和较小的概率比较小，因此本书对信号采用非均匀分段处理。时滞 τ 在实际系统中往往是未知的，可以采用 t 分布进行处理。可以通过 t 分布的标准差 δ 作为时滞标准差 s 估计值，即

$$\delta = (\bar{x} - \mu)/(s/\sqrt{n}) \tag{4.1}$$

式中：$\bar{x}$ 为随机时滞信号；μ 为随机时滞信号均值；s 为随机时滞信号的标准差；n 为系统采集随机时滞信号的时间。

根据 t 分布原理的分段方式，在每个区间内分别依照概率对时滞的补偿进行计算，得到应补偿的时间 τ_c。通常随机时滞的范围在 $0\sim100\text{ms}$。对时滞的动作间隔分别设为 τ_0 到 τ_n 进行划分，依据 t 分布的规律，时滞在最大和最小处出现的可能性比较小。所以，在开头和结尾处间隔比较稀疏，在中间部分的分布比较密集。时滞补偿动作时间间隔为 $\Delta\tau$，每经过一次时间间隔对时滞进行预测判断（通常 $\Delta\tau$ 为 $5\sim10\text{s}$）。假设在 $t = t_k$ 时刻，时滞观测 PMU 测量的时滞大小为 $t_k \in [((k-1)\Delta\tau), k\Delta\tau]$，根据文献［26］可知，时滞补偿值应为 $(k-0.5)\Delta\tau$；如果在下一时刻 $t = t_k + \Delta\tau$，在线时滞测量大小和 $(k-1)\Delta\tau$ 相等，则补偿器不做补偿；如果时滞大小 $t_{k+\Delta T} \in [k\Delta T, ((k+1)\Delta\tau)]$，则采用 $(k+0.5)\Delta\tau$ 对时滞进行补偿。t 分布时滞分割图如图 4.3 所示。

图 4.3　基于 t 分布时滞分割图

4.2　基于改进 Prony 时滞预测补偿算法

4.2.1　Prony 算法

目前 Prony 算法［32］广泛应用于低频振荡信号参数的辨识预测，通过算法对未知的信号进行模拟，能够精准计算出模态的频率 F、衰减因子 a_m、采样间隔 T、幅值 A_m 等信息，通过对信号模态信息的预测从而对信号进行模拟。Prony 算法模型为

$$x_k = \sum_{m=1}^{p} b_m z_m^n + \varepsilon_k, \ 0 \leqslant n \leqslant N-1 \tag{4.2}$$

其中

$$b_m = A_m e^{j\theta_m}, \ z_m = e^{(a_m+j\omega_m)\tau}$$

式中：x_k 为 t_k 时刻测量数据；n 为数据的长度；ε_k 为模型误差；b_m、z_m 均为复数；A_m 为第 m 个指数函数的幅值；θ_m 为初相值；a_m 为衰减因子；ω_m 为角频率；τ 为测量信号间隔。

Prony 模型参数可以根据历史数据分析，通过奇异值分解法确定模型阶数 n，在实际应用中可以根据历史经验确定实际的模型阶数 n，从包含当前时刻的历史数据的前 K 个数据拟合，从而得到信号的模型参数。

4.2.2　基于贝塞尔滤波器的改进 Prony 算法

由于 Prony 算法对信号中的噪声不具有滤波及抗噪功能，但仿真数据采用的新英格兰系统的信号数据中含有噪声。因此，在对时滞预测补偿之前，加入贝塞尔滤波器，即能够更好地反映出对于控制信号随机时滞的预测补偿效果。

基于贝塞尔滤波器和 Prony 方法设计的时滞补偿器控制结构如图 4.4 所示，信号输入经过滤波器滤波，通过 t 分布时滞分割，以及 Prony 算法计算模态信息，最终输出时滞补偿后的信号。

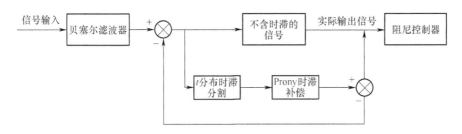

图 4.4　改进 Prony 时滞补偿器控制结构

基于改进的 Prony 时滞预测补偿算法的步骤如下。

步骤 1：预测补偿步数 c 的确定。

利用 4.1.2 小节中提到的广域通信时滞为随机时滞，并且服从 t 分布特性，以及 WAMS 时滞测量分析模块每经过 30min 进行一次计算 PMU 信号的随机时滞，设均值 μ，均方差 σ，根据文献［63］，最佳的预测补偿的区间应为 $\mu \pm 3\sigma$。PMU 数据采集传送的时间间隔为 τ，预测补偿步数 c 为

$$c = \left[(\mu - 3\sigma/\tau) \right], \cdots, \left[(\mu + 3\sigma/\tau) \right] \tag{4.3}$$

步骤 2：Prony 算法的预测方程。

根据时滞分割对测量信号进行 Prony 算法建模，得到时滞模型如式（4.4）和式（4.5）所示，根据式（4.3）获得预测方程，然后根据采集 t_k 时刻数据，对第 c 步的时刻进行预测 $\widetilde{x}_{K-1+m}$。

$$\begin{cases} X_{K-1+m} = Z^m X_{k-1} \\ \tilde{x}_{K-1+m} = \text{real}(H X_{K-1+m}) \end{cases} \tag{4.4}$$

其中 $\quad Z = \begin{pmatrix} z_1 & & \\ & z_2 & \\ & & z_n \end{pmatrix}$, $X_{K-1} = \begin{pmatrix} b_1 Z_1^{K-1} \\ b_2 Z_2^{K-1} \\ \vdots \\ b_N Z_n^{K-1} \end{pmatrix}$, $H = (1 \ 1 \ 1) \tag{4.5}$

步骤 3：加入低通滤波器。

由于 Prony 算法对噪声比较敏感，会直接影响补偿器对信号的补偿，本书用低通贝塞尔滤波器进行滤波得到最佳线性相位特性。滤波后的信号进行 Prony 算法分析信号的振荡模态以及参数预测，预测得到的信号通过低通贝塞尔滤波器能够得到通道内线性波形，在整个通道内保持了被过滤的信号波形。其逼近理想时滞的传递函数为

$$H(s) = \frac{G_0}{\prod_{K=1}^{N}(s - s_k)/\omega_c} \tag{4.6}$$

式中：G_0 为直流增益，本书选取为 1；ω_c 为截止角频率；s_k 为极点；N 为滤波器阶数，本书选为 3 阶贝塞尔低通滤波器。

幅值响应为

$$G(\omega) = |H(j\omega)| = \frac{1}{\sqrt{1 + \left(\dfrac{j\omega}{\omega_c}\right)^{2N}}} \tag{4.7}$$

相频响应为

$$\varphi(\omega) = \arg(H(j\omega)) \tag{4.8}$$

步骤 4：计算频率特性。

将 Prony 信号预测方程的模型参数分别代入式（4.7）和式（4.8）中。计算加入滤波器后的幅值响应 $G(\omega)$ 和相频响应 $\varphi(\omega)$。

步骤 5：改进算法参数。

由于测量信号经滤波器后会产生相移，直接应用 Prony 算法无法准确地进行预测补偿，需要对 Prony 算法模型中的参数 b_m 进行修正。根据滤波器滤波后的幅值响应 $|H(j\omega_i)|$ 和相频响应 $\varphi(\omega_i)$ 得到修正后的参数 b_m，修正后的 b_m 可以使 Prony 模型更加精确地拟合而不会发散。

$$b_m = \frac{A_i}{|H(j\omega_i)|}\exp[j\theta_i - \varphi(\omega_i)] \tag{4.9}$$

步骤 6：更新 Prony 算法模型。

　　将修正后的 Prony 算法模型参数与预测方程相结合，得到更新后的 Prony 算法模型。通过拟合时滞曲线对通信时滞进行预测补偿。

　　整个基于 t 分布改进 Prony 时滞补偿算法流程，如图 4.5 所示。

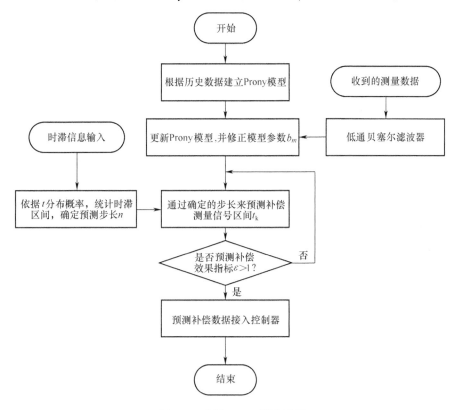

图 4.5　改进 Prony 算法流程

4.2.3　时滞补偿评估指标

　　经过预测算法补偿后的信号输入控制器后，通过仿真判断补偿后的效果是否优于补偿前的效果，很难通过数值对补偿效果进行量化评估，对预测算法进行量化评估时可以考虑针对信号本身进行评估。

　　$\widetilde{x_l}$、$\hat{x}_l$、x_i 分别表示 i 时刻预测补偿后的测量信号、无时滞信号和未补偿信号。预测补偿后的测量信号与无时滞信号的均方根和未补偿信号与无时滞信号的均方根的比值为

$$\varepsilon = \sqrt{\frac{1}{N}(\widetilde{x_l} - \hat{x}_l)^2} \Big/ \sqrt{\frac{1}{N}(x_i - \hat{x}_l)^2} \qquad (4.10)$$

式中：ε 如果小于某个常数 C，则说明预测补偿后的测量信号效果比较好；反

之，预测效果信号效果不佳，甚至差于原始输入信号。

4.3　收敛性分析

4.3.1　算法收敛性证明

由于算法是基于时滞电力系统，不利于直接证明算法收敛性，本章借助数列方法证明算法的收敛性。利用数列的趋同和异化特性，首先，将时滞补偿区间进行分割，得到等效算法的补偿值，其中包含期望的补偿值；然后，证明每个时滞补偿范围内区间是收敛的；最后，计算时滞补偿范围是收敛且存在期望时滞补偿值的，从而证明算法的收敛性。其具体方法如下。

定义 4.1　设 $f^*(k) = f(x^*(k)) = \min f(x(s))$ 为到时刻 k 为止，依据时滞 t 分布规律算法得出的时滞补偿值，$f^* = \min f(x^*(k))$ 为时滞补偿的准确值，补偿后与实际情况信号相同。若对任意正数 $\alpha > 0$，一定存在某时刻 k

$$|f(x^*(k) - f^*)| \le \alpha \tag{4.11}$$

即

$$\lim_{k \to \infty} f(x^*(k)) = f^* \tag{4.12}$$

则称算法能够收敛。

定理 4.1　改进 Prony 算法能收敛到全局的解。

证明：用改进 Prony 算法解决时滞补偿问题，其解的范围 $X \in C^m$，适应度函数为 $f(\cdot) \in Y \in m$，显然对于任意时刻 k，有 $f(x(k)) \in \{F_n\}$。

设初始时滞范围为 $\tau(0) = \{\tau_1(0), \tau_2(0), \tau_3(0), \cdots, \tau_n(0)\}$，其中期望时滞补偿值为 $\tau^*(0)$，即有

$$f^*(0) = f(\tau^*(0)) = \min f(\tau^*(0)) \tag{4.13}$$

通常设 $f^*(0) = F_j \in \{F_n\}$，$j \ge 1$。通过趋同和异化操作，经过首次预测补偿的函数为 $f^*(1) \in \{F_{j+1}, F_{j+2}, F_{j+3}, \cdots, F^*\}$，$f^*(1) < f^*(0)$。$f^*(2) \in \{F_{j+2}, F_{j+3}, F_{j+4}, \cdots, F^*\}$。依此类推，则有

$$f^*(k) \in \{F_{j+1}, F_{j+2}, F_{j+3}, \cdots, F^*\} \tag{4.14}$$

定理证毕。

讨论 4.1：$F_j = F^*$，即初始时滞补偿范围为包含期望时滞补偿值，则级数 $\{f_k^*\} = \{f^*(0) = F^*\}$，数列是收敛的，且收敛到 F^*。

讨论 4.2：$F_j > F^*$，即初始时滞补偿范围经过 k 步迭代选择的趋同和异化操作，形成期望的时滞补偿值并构成数列：

$$\{f_k^*\} = \{f^*(0), f^*(1), f^*(2), \cdots, f^*(k)\} \tag{4.15}$$

根据式（4.15）分析可知，$f^*(i) \in \{F_n\}(i = 0, 1, 2, \cdots, k)$，且

$f^*(i) < f^*(i-1)$。因此，数列与 $\{F_n\}$ 具有相同的收敛性，能够在初始范围内收敛到全局时滞补偿值。

当根据时滞补偿数据迭代到一定时间以后，算法能够找到 $f^*(k = F_n^*)$，可以确定数列是收敛的，从而证明改进的 Prony 算法能够收敛到全局的期望解。

4.3.2 ISO-NE 新英格兰系统实测数据验证

广域阻尼控制器主要能够解决广域系统低频振荡问题，为了验证本书提出的方法对实际测量的信号数据的补偿影响，从美西东部新英格兰系统 WAMS 中获取系统机组在 2017 年发生广域低频振荡的实时测量数据进行验证测试，数据见表 3.2。

4.3.3 相对角速度信号

广域电力系统一般通过角速度信号作为控制信号作用于控制器，需要通过对 PMU 进行实测得到角速度信号数据，通过新英格兰系统的实时采集数据计算得到角速度的信号曲线（取 1 号机组的角速度信号），再通过改进 Prony 方法模拟出 1 号机组不含通信时滞的角速度信号并进行对比，结果如图 4.6 所示。

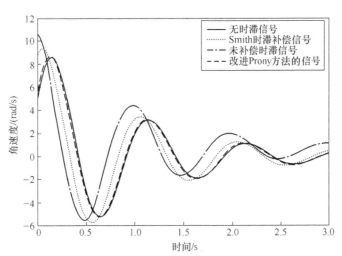

图 4.6 PMU 相对角速度信号时滞补偿效果

4.3.4 相对功角信号

选取 1 号发电机与其他相对机组的功角信号时滞进行预测补偿，并分别对比了无时滞信号、Smith 时滞补偿信号、改进 Prony 信号和未补偿时滞信号，如图 4.7 所示。

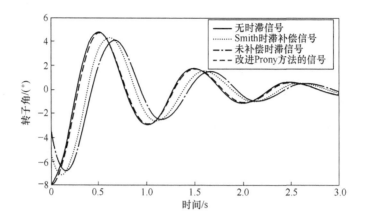

图 4.7　PMU 相对功角信号时滞补偿效果

由图 4.7 中可见，对于 WAMS 采集的功角信号，提出的改进 Prony 方法预测的信号和无时滞信号基本重合，而 Smith 时滞补偿信号和未补偿时滞信号基本含有 0.1s 的时滞，影响 WAMS 对系统实际运行状况的观测。

4.3.5　联络线功率信号

新英格兰 PMU 中的无时滞信号、未补偿时滞信号、Smith 时滞补偿信号和时滞补偿后的信号进行对比，结果如图 4.8 所示，改进 Prony 时滞补偿算法能够有效补偿随机通信时滞并且能够基本与无时滞信号相同，Smith 时滞补偿信号相比于无时滞信号有一定补偿，但与真实信号还存在 0.25s 左右的时滞需要补偿。

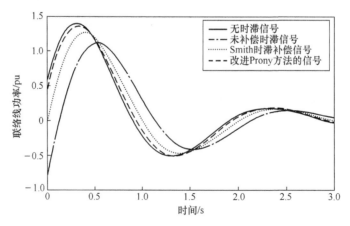

图 4.8　PMU（联络线功率信号）时滞补偿效果

4.4　系统算例验证

根据本章提出的算法和文献［68］使用的降阶开环系统模型 G、控制器 F，系统降阶后的传递函数为

$$G = \frac{z^2 + 3z + 2}{z^3 + 5z^2 + 5.25z + 5} \tag{4.16}$$

基于此传递函数给定初始控制器模型为

$$F = \frac{-0.2797z^2 + 0.1336z - 0.0606}{z^3 + 0.5430z^2 - 0.5078z - 0.0098} \tag{4.17}$$

4.4.1　伯德图分析

将电力系统模型在 PMU 原始信号和进行时滞补偿后的信号作用下的伯德图进行比较，如图4.9所示。

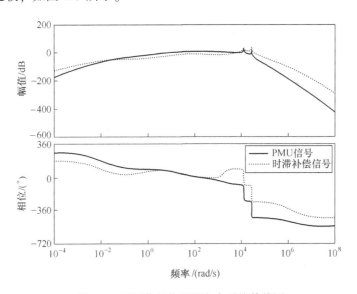

图4.9　不同信号作用下电力系统伯德图

由图4.9可见，在经过时滞补偿信号的作用下，电力系统的幅频相位和相频相位相比于原始 PMU 信号低 200dB 左右。这说明在相同电力系统作用下，存在时滞的信号会导致系统模型的振幅和相角产生变化，在相同条件下，经过时滞补偿的信号更有利于广域电力系统的稳定运行。

51

4.4.2　不同控制信号作用下系统阶跃响应分析

图 4.10 描述的是系统在不同时滞补偿方法的信号作用下系统的阶跃响应图。

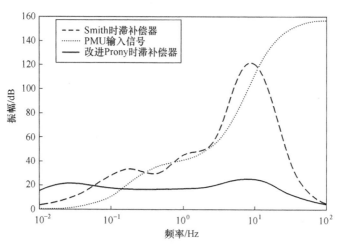

图 4.10　不同时滞补偿作用下的阶跃响应

由图 4.10 可见，通过不同方法对通信时滞进行预测补偿，并将信号作为激励信号作用于控制器，经过改进 Prony 补偿后的信号振幅比较平稳且数值快速达到稳定，而 Smith 方法补偿后的信号经过一段波动后最终达到稳定，而 PMU 的原始信号则不能使系统的阶跃响应趋于稳定，从而说明经过时滞补偿后的信号能够使系统更加稳定。

4.4.3　控制信号作用下电力系统发电机参数

图 4.11 所示为在控制信号作用下 3 号发电机的参数信号。当 PMU 输入激励信号、Smith 时滞补偿激励信号以及改进 Prony 时滞补偿激励信号作用于系统时，对其中发电机 $G3$ 的功率（$PowerM1$）、有功功率（$PaM1$）、转子角（$dwM1$）、电压（$VtM1$）参数信号进行比较。根据转子角曲线可以看出，经过本书算法优化后的时滞补偿信号能够使发电机转子角振荡频率更加稳定，并且相比于时滞信号，Smith 补偿器能够提前约 10% 达到稳定状态；从电压参数曲线能够看出，存在时滞的信号会使系统电压的振荡更加明显，经过时滞补偿的两种方法，系统电压受到的影响将会减小很多，并且本书方法相比于传统 Smith 方法得到的振荡效果更好。由此得出，在同等条件下，时滞补偿器得到的时滞补偿信号能够改善电力系统运行的稳定性，基于改进 Prony 算法的时滞补偿器能够相比于传统控制器效果有小幅提升。

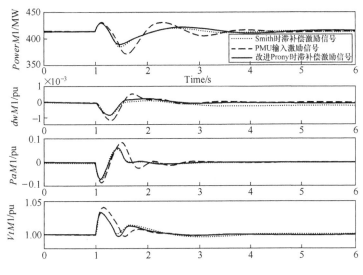

图 4.11　控制信号作用下 3 号发电机的参数信号

4.4.4　不同控制信号作用下闭环阶跃响应

不同时滞补偿信号作用下闭环阶跃响应对比分析结果如图 4.12 所示。

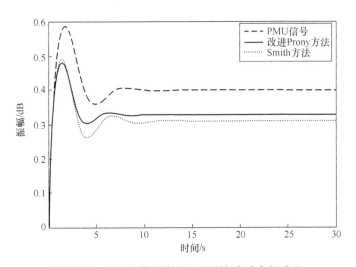

图 4.12　不同时滞补偿方法下系统阶跃响应对比

图 4.12 分别给出了系统在 PMU 采集含有时滞信号、Smith 时滞补偿信号以及改进 Prony 时滞补偿三种控制信号作用下运行。可以看出，在含有时滞的 PMU 信号作用下的系统闭环响应是三种控制信号中最差的；改进 Prony 方法

的曲线比 Smith 方法的曲线更加平稳，振幅没有更大的变化，从而表明改进 Prony 方法的控制信号能使系统运行更加平稳。

4.4.5 不同控制信号作用下有功功率和转子角振荡曲线

图 4.13 和图 4.14 分别为不同时滞补偿信号作为激励信号作用于系统模型得到的系统转子角和有功功率曲线。

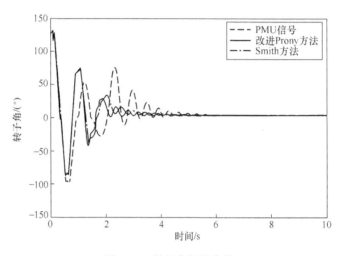

图 4.13 转子角振荡曲线

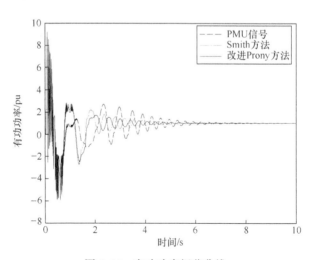

图 4.14 有功功率振荡曲线

可以看出，当信号经过时滞补偿后，系统的稳定性明显高于 PMU 采集的含有通信时滞信号。通信时滞信号对于系统的控制存在至关重要的作用，通过仿真结果表明存在时滞会极大程度地干扰系统稳定性。使用本书方法补偿后的信号能够降低系统功率振荡 50%，并且振荡曲线能够快速平息 20%。

4.4.6　阻尼比分析

依据上述提出的时滞补偿指标 ε，分别计算未补偿时滞信号和两种补偿时滞信号的数值，可以更为直观地表现时滞补偿的效果，具体数值如表 4.1 所示。

表 4.1　不同时滞补偿方法的误差

数　据	算　法	最大误差	均方根误差	时滞补偿指标 ε
新英格兰系统信号数据	未补偿信号	0.1253	0.0452	1.34
	Smith 方法补偿信号	0.0785	0.0268	0.89
	改进 Prony 方法补偿信号	0.0745	0.0065	0.67

4.5　本章小结

针对广域电力系统存在的问题，在考虑输入信号有效选择后，本章首先建立广域时滞系统模型；其次提出一种基于 t 分布的改进 Prony 时滞补偿器设计方法，通过数学模型对随机时滞进行拟合，并通过增加低通滤波器的改进 Prony 方法对时滞进行预测补偿，用于降低存在广域电力系统中的通信时滞。新英格兰系统模型仿真结果表明，补偿控制信号通信时滞后，系统的输出响应转子角曲线及功率曲线可以很好地反映广域电力系统在实际运行中的状态。因此，本章方法可以实现广域电力系统信号时滞的自适应补偿，提高 WAMS 控制信号对电力系统的控制。

本章研究了考虑广域电力系统阻尼控制中存在的通信时滞，设计一种基于核主成分分析和卡尔曼滤波的信号优化选择算法。对 WAMS 广域信号进行优化选择及时滞补偿后，作为激励信号作用于广域阻尼控制器，控制器直接影响系统的稳定性，时滞与阻尼参数会影响控制器，第 5 章将进行广域初始阻尼控制器优化设计的研究。

第5章
ε-权衡"阻尼-时滞"控制器参数优化设计

广域电力系统多依赖于 WAMS 进行稳定控制，在本书第 2 章至第 4 章中分别研究了低频振荡预警、通信信号和通信时滞对于广域系统的控制，本章主要针对广域阻尼控制器的优化设计对系统不同区域间发电机的阻尼进行增强。广域电力系统的阻尼控制也是当下各种新能源接入电网后的一个热点研究方向，现有的阻尼控制器设计方法往往是针对通信时滞设计的，设计方法有 Pade 近似[45]、线性矩阵不等式[48]、粒子群优化[50]算法以及超前-滞后补偿[63]方法等。

传统的电力系统阻尼控制器的参数设计只是单纯地考虑时滞对电力系统的影响，虽然降低了通信时滞的影响，但往往会阻尼不足。在广域电网的实际运行中，首先需要计算时滞电力系统的所有特征值，然后再根据公式得到阻尼比，但是这一过程计算量很大且耗时耗力，增加了计算难度并且对控制器参数的考虑不均衡。目前学者们很少在算法设计上考虑通信时滞和阻尼权衡的设计方法和全局寻优控制器参数 K_{WADC}。因此根据上述情况，提出一种基于 ε-权衡的思想对电力系统控制器参数设计的优化方法，能够明显提高系统阻尼，有效地提高广域电力系统间的稳定性。

5.1 广域时滞电力系统模型建立

随着广域电力系统的不断发展，研究需要尽可能依据电力系统运行的实际情况，而且时滞存在于从 WAMS 获得的远程信号中，为了简化计算其他采样测量和控制律，计算环节都看作在反馈环处的时滞 τ，并且以 $e^{-s\tau}$ 的形式表示，整个电力系统的时滞广域阻尼控制结构如图 5.1 所示。

首先，设计广域阻尼控制器可以由一个增益环节、一个隔直环节和两个"超前-滞后"补偿环节组成的传递函数表示，其结构如下：

$$H_{\mathrm{WADC}}(s) = K_{\mathrm{WADC}} \cdot \frac{sT_W}{1 + sT_W} \cdot \left(\frac{1 + sT_1}{1 + sT_2}\right)^2 \qquad (5.1)$$

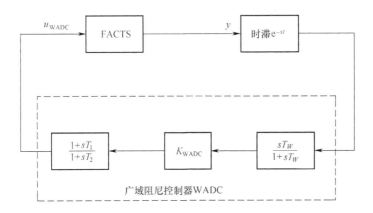

图 5.1 时滞电力系统广域阻尼控制结构

式中：T_1 和 T_2 为相位补偿参数；T_W 为时间常数，通常是取 5~10s 固定值；K_{WADC} 为 WADC 的增益。

该式中待整定的广域阻尼控制器参数为 K_{WADC}、T_1 和 T_2。

5.2 广域时滞电力系统模型降阶

对于大规模电力系统，线性化模型的阶次相对较高，使得控制器设计困难甚至不可行，而且由于不考虑动态模态因素的低频振荡分析，也不需要全阶模型，故可以用 Schur 模型降阶方法把整个电力系统模型降阶，得到如下方程组：

$$\begin{cases} \dot{x}_1(t) = A_1 x_1(t) + B_1 u_1(t) \\ y(t) = C_1 x_1(t) \end{cases} \tag{5.2}$$

式中：x_1 为状态变量向量；A_1 为状态矩阵；B_1 为输入矩阵；C_1 为降阶电力系统控制输出矩阵。

式（5.1）中的 WADC 传递函数模型可转换成如下的状态空间模型：

$$\begin{cases} \dot{x}_2(t) = A_2 x_2(t) + B_2 u_2(t) \\ y_2(t) = C_2 x_2(t) + D_2 u_2(t) \end{cases} \tag{5.3}$$

式中：x_2 为控制器状态变量向量；y_2 为定义的输出变量向量；u_2 为控制变量向量；A_2 为状态矩阵；B_2 为输入矩阵；C_2 为控制系统输出矩阵；D_2 为直接传递函数矩阵。

为了简便计算，将如图 5.1 所示的结构图改成如图 5.2 所示的含时滞降阶闭环电力系统的广域阻尼控制结构。

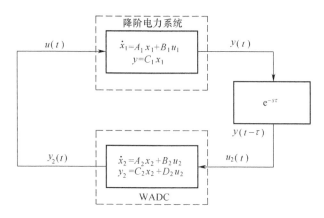

图 5.2　含时滞降阶闭环电力系统的广域阻尼控制结构

广域信号的时滞可看作常数时滞 τ，由图 5.2 可见，降阶电力系统与 WADC 之间有如下的连接关系：

$$\begin{cases} u_2(t) = y(t - \tau) \\ u(t) = y_2(t) \end{cases} \tag{5.4}$$

因此，可以得到含时滞的电力系统广域阻尼控制闭环模型结构：

$$\begin{cases} x(t) = Ax(t) + A_h x(t - \tau) \\ x(t) = \phi(t), \ t \in [-\tau, 0] \end{cases} \tag{5.5}$$

其中

$$x = \begin{bmatrix} x_1, & x_2 \end{bmatrix}^{\mathrm{T}}$$

$$A = \begin{bmatrix} A_1 & B_1 C_2 \\ 0 & A_2 \end{bmatrix} \quad A_h = \begin{bmatrix} B_1 D_2 C_1 & 0 \\ B_2 C_1 & 0 \end{bmatrix} \tag{5.6}$$

式中：$\phi(t)$ 为具有初始函数 $t \in [-\tau, 0]$ 的连续向量值。

τ_h 为时间连续函数时滞，并且满足：

$$0 \leqslant \tau_h \leqslant \tau \quad \tau \leqslant \mu \leqslant 1 \tag{5.7}$$

式中：τ 为时滞上限；μ 为时滞变化率上限，对常数时滞有 $\mu = 0$，对某一时变时滞 $\mu \neq 0$。

对于时滞系统的研究结果很多，在时滞依赖系统中，若系统稳定，那么有 $\tau < \tau_h$；若系统不稳定，那么有 $\tau > \tau_h$，其中 τ_h 表示时滞裕度，它是评估时滞系统稳定性的关键参数。

5.3　基于 ε – 权衡"阻尼–时滞"算法

5.3.1　"超前–滞后"补偿环节

"超前–滞后"补偿环节[33]的作用是补偿广域信号时滞，使得补偿信号尽量与原始信号相同。若时滞造成滞后角 φ_{lag} 在 0°~80° 之间，则 "超前-滞后" 补偿环节的参数满足 $K_W > 0$ 与 $\varphi_W > 0$；若滞后角 φ_{lag} 在 81°~180° 之间，则 "超前-滞后" 补偿环节的参数满足 $K_W < 0$ 与 $\varphi_W < 0$；对于相位补偿环节，假设 Ω_{kj} 表示第 k 个模态传递函数 G_j 的残余量，需要补偿的第 k 个模态相位量 ϕ_k 为

$$\phi_k = \pi - \arg\Omega_{kj} \tag{5.8}$$

WADC "超前-滞后" 补偿部分的参数计算如下：

$$\alpha = \frac{T_2}{T_1} = \frac{1 - \sin(\phi_k/2)}{1 + \sin(\phi_k/2)} \tag{5.9}$$

其中

$$T_1 = \frac{1}{\omega_k \sqrt{\alpha}}, \ \ T_2 = \alpha T_1 \tag{5.10}$$

$$\omega_k = 2\pi f_k$$

式中：f_k 为第 k 个模态下的频率。

5.3.2 算法步骤

根据上述广域阻尼控制器的结构，通过 ε - 权衡算法对阻尼控制器参数 K_{WADC} 进行选择，具体参数优化步骤如下所示。

步骤 1：通过舒尔（Shur）[69]方法得到降阶后的闭环电力系统 G，模型降阶过程采用基于数值稳定的方法，再得到实际系统稳定的极点，尽可能保留所有的零极点，这样降阶系统能更加接近原系统，使系统得到稳定，成为完全可控的降阶系统。

步骤 2：通过查找文献 [70] 得到广域电力系统的阻尼性能 ξ 和时滞 τ_h 的范围。

步骤 3：借助 LMI 工具箱求出相对应的时滞 τ_h、阻尼参数 ξ、权重系数 ε。

步骤 4：根据式（5.11）要求写出权重系数 ε 的范围。

步骤 5：根据步骤 3 和步骤 4 得到的时滞 τ_h、阻尼参数 ξ 以及权重系数 ε 判断是否符合范围要求。若满足条件，则程序继续运行，输出最终的参数；若不满足条件，则返回步骤 3 重新进行计算，直至符合要求输出结果。

步骤 6：通过得出的阻尼参数与时滞，通过式（5.11）求出最终的 K_{WADC}，结合之前给出的 "超前-滞后" 补偿参数，可以得到广域电力系统初始阻尼控制器模型。

基于 ε-权衡 "阻尼-时滞" 方法的阻尼控制器设计流程如图 5.3 所示。

5.3.3 权重系数 ε

本书中 K_{WADC} 最终参数的确定需要综合权衡阻尼性能和时滞裕度对广域

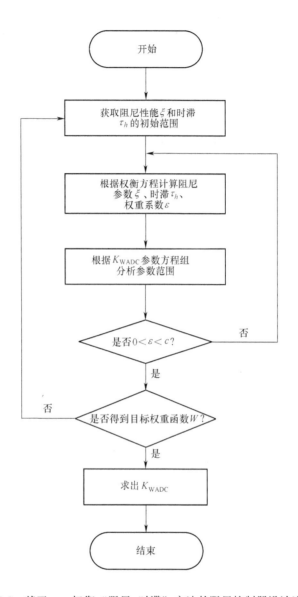

图 5.3　基于 ε - 权衡"阻尼–时滞"方法的阻尼控制器设计流程

电力系统发电机阻尼的影响情况，从而保证提高整个闭环电力系统的阻尼性能，建立一个调和时滞裕度和阻尼性能的数学模型，即目标权重函数为

$$W = \varepsilon \tau_h - (1 - \varepsilon)\xi \tag{5.11}$$

式中：ε 为权重系数（ε 的取值范围与时滞裕度范围、阻尼性能参数范围有关，但当权重系数能取正数值，且参数范围在初始范围内时，则证明 ε 为有效值；反之，当权重系数能取正数值，且参数范围不在初始范围时，则 ε 取值无效）。

ε 表示对时滞裕度 τ_h 和阻尼性能 ξ 的重视程度,即 ε 越大越重视时滞裕度, ε 越小越重视阻尼性能,那么 K_{WADC} 最终参数由以下方程组确定:

$$
\begin{cases}
\tau_h = \sum_{i=1}^{n} r_i K_{\text{WADC}i} \\[2mm]
\xi = \sum_{i=1}^{n} q_i K_{\text{WADC}i} \\[2mm]
\sum_{i=1}^{n} K_{\text{WADC}i} = 1 \\[2mm]
K_{\text{WADC}i} \geqslant 0, \quad i = 1, 2, \cdots, n
\end{cases}
\tag{5.12}
$$

式中:时滞裕度率 $r_i = \tau_i / K_{\text{WADC}i}$;阻尼性能率 $q_i = \xi_i / K_{\text{WADC}i}$ 。

5.4 四机两区系统算例验证

在时滞系统模型基础上激励信号,激励信号 $r(t)$ 选择为上一章优化选择的电压信号; $e(t)$ 是本地信号;根据建立的时滞电力系统模型 G 作为基础,为了提高仿真的精确性,对系统模型进行迭代辨识,最后四机两区系统的传递函数为

$$
G = \frac{z^2 + 3z + 2}{z^3 + 5z^2 + 5.25z + 5}
\tag{5.13}
$$

以该模型作为电力系统初始对象模型,通过本书方法求得初始阻尼控制器。根据式(5.9)和式(5.10)可得出 α 和 T_1, T_W 时间常数选择为 6s,当时滞 $T_d = 0.5$s,求得 $\alpha = 4.5$, $T_1 = 0.122$s,通过本书的方法得出 $K_{\text{WADC}} = 0.5449$,得到初始阻尼控制器为

$$
K = \frac{0.05s^2 + 0.784s + 3.26}{1.8s^3 + 7.72s^2 + 7.104s + 1}
\tag{5.14}
$$

当时滞 $T_d = 1.0$s,求得 $\alpha = 0.32$, $T_1 = 0.512$s,通过本书的方法得出 $K_{\text{WADC}} = 1.211$,得到初始阻尼控制器为

$$
K = \frac{1.9s^3 + 7.44s^2 + 7.26s}{0.18s^3 + 2.39s^2 + 7.65s + 1.21}
\tag{5.15}
$$

5.4.1 控制器参数 K_{WADC} 优化结果

根据本书方法对 K_{WADC} 进行权衡,最终得到最优数值,如表 5.1 所示。

表 5.1　根据本书方法选择 K_{WADC} 数值

K_{WADC}	时滞	阻尼比	权重系数
1.8	1.5	133.5	2.21
1.21	1.0	132	1.54
0.54	0.5	120	0.57

通过本书算法的选择，可以得到不同范围内的 ε，ε 越小，阻尼对系统的控制作用更大；反之，时滞对系统的控制作用更大。表 5.1 中的 K_{WADC} 都是能使系统稳定的最优解。

5.4.2　基于权衡的广域阻尼控制器作用下的输出响应

图 5.4 和图 5.5 分别是基于权衡参数的广域阻尼控制器输出及系统输出。

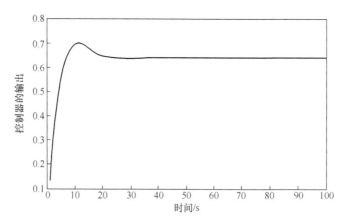

图 5.4　控制器的输出

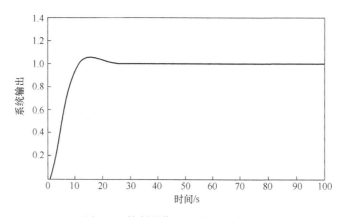

图 5.5　控制器作用下的系统输出

由图5.4和图5.5可知，在权衡方法设计的初始阻尼控制器作用下，能够实时地对时滞和阻尼参数进行在线协调优化，通过广域阻尼控制器实现对系统的阻尼控制，使系统的输出值与控制器模型的输出值基本相同，控制器的输出及系统输出在20s内能够快速稳定。

5.4.3 四机两区系统转子角及功率振荡曲线

将表5.1中的参数依据式（5.11）进行计算，得到在时滞1s情况下的初始阻尼控制器，根据四机两区系统仿真得到，两种控制器作用下系统有功功率及发电机转子角的振荡曲线对比图（见图5.6和图5.7），其中线性最优化方法见文献［71］。

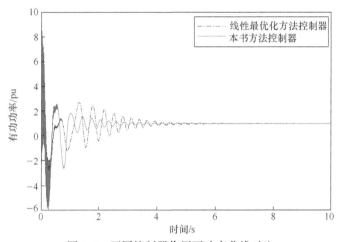

图5.6 不同控制器作用下功率曲线对比

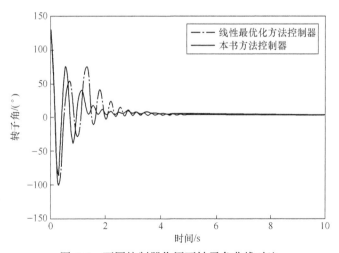

图5.7 不同控制器作用下转子角曲线对比

当时滞为 1s 时，相比于线性最优方法阻尼控制器的作用，在控制器作用下的电力系统转子角振荡曲线振幅及有功功率曲线均能快速趋于稳定。如图 5.7 所示，转子角振荡曲线在 4s 左右稳定，相比于线性最优化方法提前了约 2s，可见本书方法的控制器可以提高发电机的运行稳定性，有效地增强电力系统的阻尼比。因此，采用本书的 ε-权衡"阻尼-时滞"方法设计的初始广域阻尼控制器能有效地抑制低频振荡。

5.5 本章小结

针对广域阻尼控制器的参数优化设计问题，本章首先给出了基于广域时滞电力系统模型；然后提出基于 ε - 权衡"阻尼-时滞"的控制器优化算法，通过参数权衡优化模型协调优化广域阻尼控制器参数；最后在 MATLAB 经典四机两区系统验证，与现有的线性最优方法进行对比。结果表明，权衡方法相比于线性最优化方法，在权衡控制器作用下系统的有功功率及转子角振荡能够快速稳定运行，而且振幅也较小，较现有方法能够迅速平息振荡约 1/4。该算法可以更有效地提高广域电力系统发电机之间的阻尼，优化系统阻尼，从而提高电力系统的稳定性。

在本章内容及前四章的内容中，仿真基于 MATLAB 经典四机两区系统模型，并取得和预期基本一致的结果，在第 6 章中将通过 RTDS（Real-time Digital Simulator）实验设备对广域电力系统进行建模并且采取实时仿真以验证前述理论。

第6章

RTDS实验验证

在前几章中，作者利用四机两区系统模型对实验进行仿真，但仿真基于搭建模型可能存在误差，需要通过 RTDS 实验进一步验证。本章主要利用如图 6.1所示的 RTDS 实验装置，借助真实南方电网等值系统模型，对本书方法从信号控制分析、广域阻尼控制效果两个方面进行验证。

6.1 RTDS 实验

6.1.1 RTDS 实验简介

电力系统的仿真研究方法主要分为动态模拟和数值仿真。虽然动态模拟、数值仿真都能对系统的实时运行状态进行计算，但并不能起到实时监测以及实际控制装置的作用，会导致电力系统仿真存在误差。RTDS 能够脱离传统的机电暂态建模，连接二次设备，在监测的同时对设备进行测试实验并作出判断，能够更加真实地还原广域电力系统，使仿真检测更加具有说服力。RTDS 是一种大型电力系统仿真实验设备，包含测量、通信和控制执行功能的实时在线控制功能。实验设备由工作基站、机柜（Cubic）、RACK、各种处理器卡（TPC、3PC 等）和 I/O 接口卡等组成。目前，电力系统实时在线仿真平台有很多，如 RTDS、ADPSS（中国电力科学研究院）、HYDERSIM（加拿大魁北克）、ARENE（法国电力公司）等，但 RTDS 是世界上模拟最为精确且最受认可的设备。

南方电网已经能够成功克服 500kV 以上的交直流线路，完成广域电力系统电网安全的 RTDS 实验。通过模拟南方电网的 RTDS 实验相比 MATLAB 离线仿真有两方面进步，一方面可以检验实际电力系统运行情况下能否提高系统阻尼并抑制低频振荡现象；另一方面可以还原真实电力系统控制信号、信号的通信时滞给广域电力系统带来的真实影响。RTDS 实验需要在主控制站建立南方电网系统模型，控制器中设置 PSS 参数、控制信号及支路测量点。同步

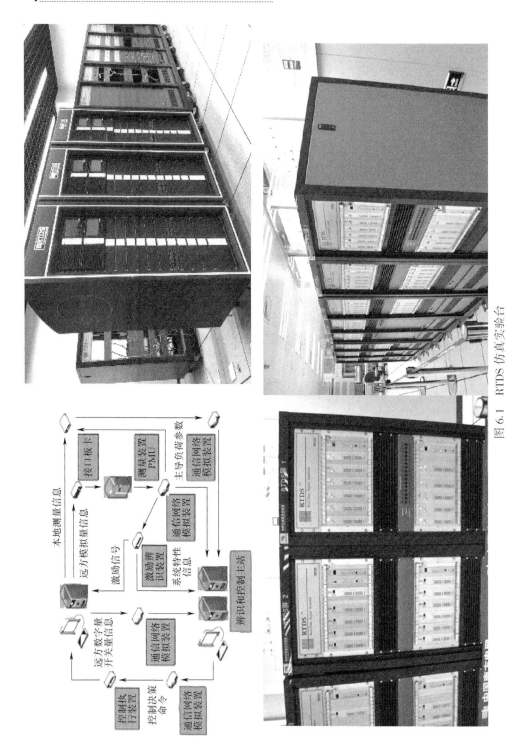

图 6.1 RTDS 仿真实验台

相量测量屏对广域电力系统运行参数进行记录分析，协调控制屏柜能够实时对系统中存在的故障进行处理，对整个实验记录的信息和数据以及对广域电力系统的阻尼控制进行分析。图6.1所示为南方电网科学研究院正在使用的RTDS试验台，用于南方电网小湾和金安桥等站的孤岛试验。孤岛试验是指仅发电机或电站直接接入换流站，与当地主网共同运行，此时区域电网的频率、电压波动较大，易产生低频振荡现象，需要RTDS设备进行实验并采取特殊措施。

6.1.2　RTDS 实验流程

在线 RTDS 实验流程如图 6.2 所示。

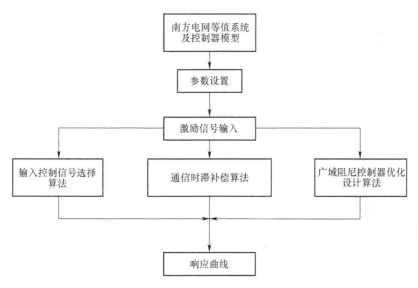

图 6.2　在线 RTDS 实验流程

6.2　基于南方电网等值系统模型的 RTDS 实验

考虑到输电系统仿真的快速性和抗干扰的稳定性，为了便于实验进行，需要对进行实验的模型网络进行等值简化（见图6.3）。实验等值模型包含140条母线、220条交流线路、100台发电机、70台变压器。等值模型的选取标准主要为500kV及以上节点、线路、发电机和变压器等以及2个换流站的220kV母线（主要是5个高压直流系统）。经过等值计算的模型可以简化代替整个电网等值系统模型进行仿真实验，在RTDS实验设备上基于南方电网等值

67

系统模型对提出理论方法进行验证，基于第 5 章设计的广域阻尼控制器如图 6.3 所示。

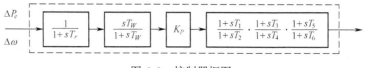

图 6.3　控制器框图

通过文献［27］对南方电网系统模型进行辨识，根据文献［72］得到 2020 年南方电网最新的电力系统等值简化模型 G，然后再借助迭代辨识方法[63]得到优化后的南方电网稳定模型，根据系统稳定性理论和 LMI 计算初始广域阻尼控制器模型 K。RTDS 实验最终采用南方电网系统等值简化后的模型作为电力系统的模型，即

$$G = \frac{z^5 + z^4 + z^3 + 1.5z^2 + 2z + 1}{z^6 + 4z^5 + 7.5z^4 + 9z^3 + 7.5z^2 + 3z + 1} \tag{6.1}$$

基于简化电力系统的模型，广域初始阻尼控制器选用基于第 5 章设计的时滞–阻尼权衡后的 PSS，其广域阻尼控制器模型为

$$K = \frac{-0.0030z^5 - 0.0509z^4 - 0715z^3 - 0.0251z^2 + 0.0625z + 0.0381}{z^6 - 0.0862z^5 + 0.0950z^4 + 0.1727z^3 - 0.0516z^2 - 0.4313z - 0.2415}$$
$$\tag{6.2}$$

6.2.1　广域信号的优化选择及时滞补偿

电力系统广域阻尼控制器信号可分为信号选择和通信时滞补偿两种。这两种情况都是针对控制信号进行处理的，与本书第 3 章和第 4 章一样，分别通过 KPCAK 方法对 PMU 信号进行有效选择和改进 Prony 方法对通信时滞进行预测补偿，将选择的有效信号和经过时滞补偿的信号作用于南方电网仿真模型，得到的结果与 MATLAB 四机两区系统的仿真结果进行对比，在南方电网系统模型上加入本书第 5 章设计的权衡阻尼控制器模型，在线控制器模型如图 6.4 所示。

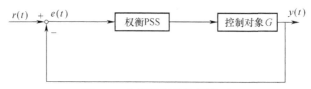

图 6.4　在线控制器控制模型

6.2.2　信号在线优化结果

上述两种方法分别存在信号主成分贡献率 σ 和时滞补偿评估指标 ε，根

据 RTDS 实时仿真的情况对信号进行在线实时计算，并根据主成分贡献率和时滞补偿评估标准选择信号作用于南方电网模型。表 6.1 为信号优化参数和信号优化选择参数对比。

表 6.1　优化参数数值

参　　数	σ	ε
本书方法	1.56	0.72
贡献因子方法	2.36	0
Smith 补偿方法	0	0.89

6.2.3　优化控制信号的输出响应

图 6.5 和图 6.6 所示为对初始 PMU 控制信号进行优化选择的验证，基于 MATLAB 四机两区系统模型和 RTDS 南方电网模型的系统广域阻尼控制器作用下的系统输出响应。

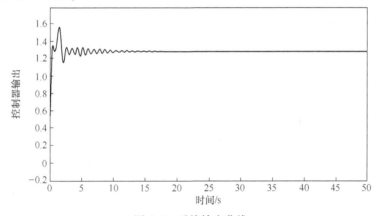

图 6.5　系统输出曲线

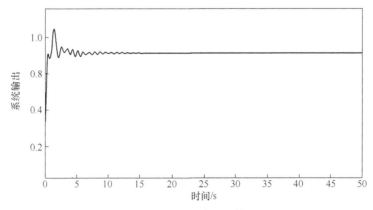

图 6.6　控制器模型的输出

由图 6.5 和图 6.6 可知，通过权衡阻尼时滞算法，RTDS 能实时对广域阻尼控制器参数进行选择优化，经过优化选择的信号有利于控制器对系统的控制；还可以看出系统和控制器的输出响应基本相同，说明控制器能够控制系统的运行。控制器的输出功率在经过 15s 左右的振荡后快速趋于稳定，缩短发电机功率的振荡时间。

具体改进 Prony 时滞补偿方法与第 4 章相同。通过补偿的时滞分别作用在 MATLAB 四机两区系统和 RTDS 南方电网等值系统模型进行验证，图 6.7 和图 6.8 所示为针对控制信号存在的通信时滞进行补偿的验证，分别为转子角振荡曲线和有功功率振荡曲线。

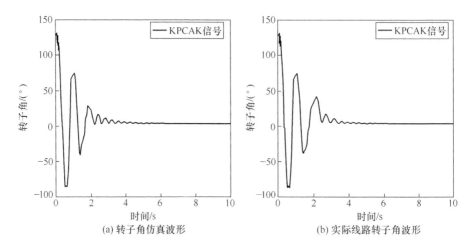

图 6.7　有效选择信号作用下仿真与 RTDS 转子角振荡曲线

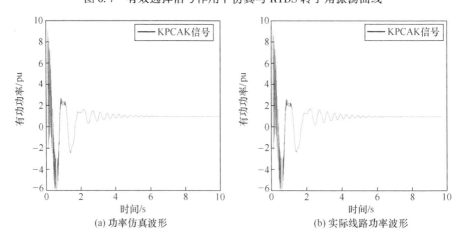

图 6.8　有效选择信号作用下仿真与 RTDS 有功功率振荡曲线

可以看出，在 RTDS 南方电网的系统仿真中，在经过 KPCAK 方法选择后的有效控制信号的作用下，转子角和有功功率曲线与MATLAB四机两区系统条件仿真情况基本相同，MATLAB转子角曲线相比于实际线路振荡的情况要明显，而有功功率曲线则基本与实际的线路曲线相同。通过仿真结果得出，用简单的四机两区系统可以在一定程度上近似为实际线路的仿真结果，但不存在实时性。

6.3 基于权衡算法的广域阻尼控制器参数在线协调优化RTDS实验

在完成本书提出的基于 ε-权衡系数的优化选择算法步骤后，可以得到广域阻尼控制器最优参数 K_{WADC}、阻尼比 ξ、时滞裕度 τ_h、权重系数 ε，结果如表6.2所示。

表6.2 广域阻尼控制器参数数据组对应的频率稳定裕度和阻尼比对应的权重系数

组	1	2	3	4	5	6
时滞裕度 τ_h	3.0	2.5	2.0	1.5	1.0	0.75
阻尼比 ξ	81.0	85.0	99.0	120.0	132.0	132.2
权重系数 ε	9.20	7.65	4.54	2.89	1.54	1.33
组	7	8	9	10	11	12
时滞裕度 τ_h	0.50	0.30	0.25	0.20	0.15	0.10
阻尼比 ξ	133.5	132.6	131.5	130.7	128.3	127.0
权重系数 ε	0.57	0.75	0.84	0.89	0.94	1.02

可以看出，基于权衡阻尼与时滞方法得到的时滞裕度与阻尼比从第4组开始阻尼比越来越大，时滞裕度越来越小，并在第7组中时滞裕度等于0.50s时权重系数取得了最小值，从而进一步证明当权重系数值越小时，阻尼比的值越大，时滞裕度值越小，并且阻尼比对系统的影响更为重要。

T_1 和 T_2 是相位补偿参数，选用的PSS与第5章设计的基于 ε-权衡"阻尼-时滞"的初始阻尼控制器相同。系统模型（采用基于南方电网等值后的降阶模型）和初始阻尼控制器模型（采用基于本书方法设计的阻尼控制器）可表示如下：

$$G = \frac{1.0596z^5 + 0.8364z^4 + 1.1158z^3 + 1.4318z^2 + 2.1806z + 0.9866}{z^6 + 3.9964z^5 + 7.4861z^4 + 8.9743z^3 + 7.4720z^2 + 2.9848z + 1.0029}$$

$$(6.3)$$

$$K = \frac{-0.0025z^5 - 0.0564z^4 - 0.0625z^3 - 0.0294z^2 + 0.0607z + 0.0305}{z^6 - 0.0893z^5 + 0.1245z^4 + 0.1205z^3 - 0.0274z^2 - 0.4179z - 0.1979}$$

$$(6.4)$$

6.3.1 电力系统辨识模型与广域阻尼控制模型伯德图

南方电网系统在测试段分别加装本书方法控制器、未加阻尼控制器和线性最优方法控制器、未加广域阻尼控制器的电力系统模型闭环伯德图，如图6.9所示。

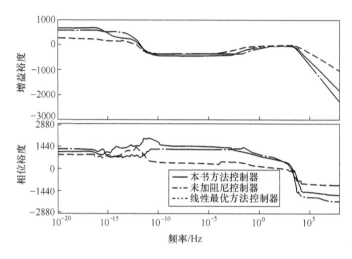

图6.9 不同控制器作用下的系统伯德图

可以得出，本书方法设计的阻尼控制器与现有的线性最优控制器的伯德图曲线非常接近，并且相对振幅和相位比现有方法要低，即系统的频率响应要更加稳定，从而证明了权衡阻尼控制器的可行性。

6.3.2 电力系统转子角振荡曲线和有功功率曲线

在表6.2中，数据在第7组时权重系数是最小值，从而得到时滞裕度、阻尼比及 K_{WADC} 参数。根据第5章介绍的步骤进一步得到最终的广域阻尼控制器模型 K_{WADC}，直接作用于经过迭代辨识的系统，可以得到转子角和有功功率振荡控制曲线，如图6.10和图6.11所示。

可以得出，在RTDS设备上的仿真结果与在MATLAB上的离线仿真图形基本一致，本书设计的控制器与现有方法相比，趋于稳定的时间更短，振幅的波动也较小。通过RTDS对离线仿真的实验结果进行补充验证可知，对控制器参数的权衡可以提高初始阻尼控制器的阻尼补偿效果，从而有效地抑制低频振荡。

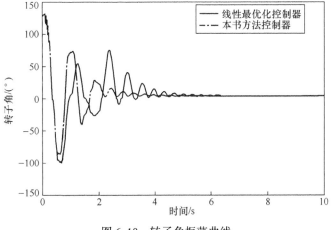

图 6.10 转子角振荡曲线

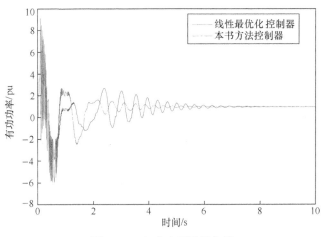

图 6.11 有功功率振荡曲线

6.4 本章小结

本章借助 RTDS 设备的南方电网模型,对第 3、第 4 和第 5 章内容结果进行验证,RTDS 南方电网实验结果与 MATLAB 离线仿真得到的图形基本一致,设计算法能够有效选择控制信号、补偿通信时滞、优化阻尼控制器参数,从而有效地抑制低频振荡。通过本书仿真及 RTDS 实验可知,信号贡献率的有效选择及随机通信时滞的改进 Prony 算法时滞值补偿器能够更有效地抑制电力系统的低频振荡;并且基于时滞补偿器的时滞与阻尼参数的协调也能保证广域电力互联系统的稳定运行。

结论与展望

结　论

本书针对四个前沿问题，分别对现有技术方法进行了研究并改进，并通过 MATLAB 和 RTDS 实验进行了仿真验证，仿真结果一定程度上验证了本书方法的可行性，为研究广域电力系统的低频振荡问题提供了思路，具体结论有四个方面。

（1）针对电力系统低频振荡幅值预警指标识别精度不高的问题，本书提出一种基于关键特征广域降维数据 Vinnicombe 距离的提高电力系统低频振荡预警精度研究的方法，并设计整个方法的实现步骤。本书方法的特色在于通过电网大数据降维分析，可以直观、准确地对低频振荡现象作出预警，识别精度较高，并与传统电力系统低频振荡预警 LOF 方法进行比较，在 10 机 39 节点新英格兰系统上进行了仿真验证。仿真结果表明，本书方法相比 LOF 方法在发生低频振荡和未发生低频振荡两种情况下幅值预警精度均得到提升，充分说明运用本书方法对有低频振荡和无低频振荡情况均能有效地进行检测，且误差较小。因此，本书方法可以有效地解决电力系统低频振荡预警问题，适用于大型电力系统低频振荡预警，对新能源接入电力系统低频振荡预警有借鉴作用。但作者发现，将本书方法与多特征量综合预警指标相结合，以及分析并消除误判现象产生的原因，仍需在后续研究工作中进一步完善。

（2）由于 WAMS 对广域电力系统起到保护作用，越来越依靠 WAMS 采集信号的有效性对广域系统进行作用。本书基于 KPCA 方法和卡尔曼滤波方法对 PMU 信号进行有效选择，提出一种基于 KPCAK 方法的信号有效选择方法，通过 MATLAB 对信号进行选择，并通过四机两区系统进行算例仿真，与贡献因子方法进行对比分析，通过 RTDS 对南方电网等效模型进行实验。本书提出的信号选择方法能够选择稳定的信号，并且作为激励信号时，使系统的转子角与有功功率稳定时间减少 2s 左右，在考虑信号有效性的同时进一步对信号的通信时滞进行研究，提高 WAMS 对系统的控制能力。

（3）在广域电力系统信号有效性的基础上，针对信号传输存在的通信时滞问题，本书提出一种基于 t 分布的改进 Prony 方法时滞补偿器设计，依据随机时滞分布规律对通信时滞进行预测补偿，通过改进 Prony 方法得到时滞补偿器结构；在新英格兰系统模型上进行仿真后在 RTDS 上继续验证，对比转子角和功率的振荡曲线能够快速稳定。输出响应与控制器模型输出响应基本一致，补偿后的信号能有效地对系统进行实时监测并抑制低频振荡。

（4）针对广域阻尼控制器参数优化设计问题，本书提出一种基于 ε-权衡"阻尼-时滞"的控制器参数设计方法，调优阻尼与时滞对广域阻尼控制器的影响，该算法通过超前-滞后和 LMI 方法最终实现，在四机两区系统模型上进行算例仿真后在 RTDS 继续验证，经过参数优化的阻尼控制器能更有效地提高广域系统对阻尼的控制，从而抑制低频振荡。

本书提出了 KPCAK 的信号选择方法，基于改进 Pony 算法的时滞补偿方法和基于 ε-权衡"阻尼-时滞"控制器优化设计方法，并在 MATLAB 四机两区系统和 RTDS 设备台模拟电网运行仿真实验，通过实验结果验证了本书方法的改进效果。

展望

近年来，随着我国电网技术的不断进步以及能源战略的转移，使得新能源电力系统研究成为发展的主流方向，各式新能源发电方式和新能源车辆得到国家政策的大力支持，国家大力推行基建的发展，包括新能源汽车、充电桩、5G 等配套的电力设施，为未来社会的发展提供了坚实的基础。

随着各种新能源发电的普及，化石能源发电的电高效、清洁以及经济性问题日益突出。新能源将会逐渐代替化石能源。与此同时，新能源发电和新能源车辆接入电网会成为日后的主流，但是新能源的普及会产生许多前沿技术问题。例如，对电力系统运行产生冲击，对系统原有的潮流分布的改变，对线路损耗的增加，对电力系统的使用量峰值的变化，对分布式电力系统稳定性的影响，等等。新能源电车及小型微电网的并网会导致系统分时负荷增加，用电的波峰和波谷的压力变大，从而导致广域系统区域间的互联大电网振荡模态产生振荡影响，可能会影响系统模态的阻尼特性产生影响。因此，新能源电网大规模使用后低频振荡问题依旧是危害电网安全的主要问题之一。

参 考 文 献

[1] 赵晓伟, 吕思昕, 谢欢, 等. 电力系统低频振荡综述 [J]. 华北电力技术, 2015 (3): 34-37.

[2] 徐千茹, 文一宇, 张旭航, 等. 电力系统低频振荡综述 [J]. 电力与能源, 2014, 35 (1): 38-42.

[3] 张晓航. 电力系统低频振荡类型判别方法研究 [D]. 北京: 华北电力大学, 2017.

[4] 李世明. 基于信号分析的电力系统低频振荡辨识方法研究综述 [J]. 电力与能源, 2016, 37 (4): 420-426.

[5] 葛润东, 刘文颖, 郭鹏, 等. 电力系统低频振荡预警及动态阻尼控制策略研究 [J]. 电工电能新技术, 2015, 34 (2): 7-12.

[6] 薛禹胜, 倪明, 余文杰, 等. 计及通信信息安全预警与决策支持的停电防御系统 [J]. 电力系统自动化, 2016, 40 (17): 3-12.

[7] 宋墩文, 温渤婴, 杨学涛, 等. 基于多信息源的大电网低频振荡预警及防控决策系统 [J]. 电力系统保护与控制, 2016, 44 (21): 54-60.

[8] 孙宏斌, 黄天恩, 郭庆来, 等. 基于仿真大数据的电网智能型超前安全预警技术 [J]. 南方电网技术, 2016, 10 (3): 42-46.

[9] ZHANG Y, XU Y, DONG Z, et al. Intelligent early warning of power system dynamic insecurity risk: Toward optimal accuracy-earliness tradeoff [J]. IEEE Transactions on Industrial Informatics, 2017, 13 (5): 2544-2554.

[10] 李洋麟, 江全元, 颜融, 等. 基于卷积神经网络的电力系统小干扰稳定评估 [J]. 电力系统自动化, 2019, 43 (2): 50-57.

[11] 郭晶, 张捷, 丁西, 等. 基于模糊层次分析的电网信息系统动态预警方法 [J]. 中国电力, 2021, 54 (5): 174-178, 185.

[12] SONG D, YANG X, WEN B, et al. A new online realization method of locating low frequency oscillation source in power grid based on PMU [C] // IEEE International Conference on Power System Technology, October 20-22, 2014, Chengdu, China: 530- 536.

[13] MA J, ZHANG Y, SHEN Y, et al. Equipment-level locating of low frequency oscillating source in power system with DFIG integration based on dynamic energy flow [J]. IEEE Transactions on Power Systems: A Publication of the Power Engineering Society, 2020, 35 (5): 3433-3447.

[14] CHAN S, NOPPHAWAN P. Artificial intelligence-Based approach for forced oscillation source detection and classification [C] // 2020 8th International Conference on Condition Monitoring and Diagnosis (CMD), October 25-28, 2020, Phuket, Thailand: 186-189.

[15] YANG T Q, WAI L W, LOGENTHIRAN T. IoT load classification and anomaly warning in ELV DC picogrids using hierarchical extended k-nearest neighbors [J]. IEEE Internet of Things Journal, 2020, 7 (2): 863-873.

[16] 赵妍, 霍红, 徐晗桐. 二阶段随机森林分类方法在低频振荡监测中的应用 [J]. 东北

电力大学学报，2020，40（2）：60-67.

[17] 王宇飞，李俊娥，刘艳丽，等．容忍阶段性故障的协同网络攻击引发电网级联故障预警方法 [J]．电力系统自动化，2021，45（3）：24-32.

[18] 马宁宁，谢小荣，唐健，等．"双高"电力系统宽频振荡广域监测与预警系统 [J]．清华大学学报（自然科学版），2021，61（5）：457-464.

[19] 张少敏，毛冬，王保义．大数据处理技术在风电机组齿轮箱故障诊断与预警中的应用 [J]．电力系统自动化，2016，40（14）：129-134.

[20] 宁星，任伟，刘君，等．低频振动模态参数辨识方法与预警指标研究 [J]．山东电力技术，2019，46（4）：14-19.

[21] 高海翔，伍双喜，苗璐，等．发电机组引发电网功率振荡原因及其抑制措施研究综述 [J]．智慧电力，2018，46（7）：49-55，66.

[22] 周洋．含大规模风电接入的互联电网低频振荡阻尼控制策略研究 [D]．长沙：湖南大学，2017.

[23] 姜苏娜．电力系统低频振荡非线性机理及控制策略研究 [D]．北京：华北电力大学，2015.

[24] 李战明，吕星，邵冲．电力系统低频振荡模式识别方法综述 [J]．电网与清洁能源，2013，29（11）：1-5.

[25] 贺静波，李立涅，陈辉祥，等．基于广域信息的电力系统阻尼控制器反馈信号选择 [J]．电力系统自动化，2007，31（9）：6-10.

[26] 戚军，张有兵．广域电力系统中时滞控制信号的选择 [J]．电力自动化设备，2010，30（6）：67-71.

[27] 汪娟娟，张尧．相对增益矩阵原理在多直流附加调制信号选取中的应用 [J]．中国电机工程学报，2009，29（1）：74-79.

[28] 陈刚，程林，孙元章，等．基于综合几何指标的广域电力系统稳定器设计 [J]．电力系统自动化，2013，37（2）：18-22.

[29] 李鹏，贺静波，石景海，等．交直流并联大电网广域阻尼控制技术理论与实践 [J]．南方电网技术，2008（4）：13-17.

[30] 马静，王彤，王上行，等．基于贡献因子的广域信号优选方法 [J]．中国电机工程学报，2012，32（31）：174-183，234.

[31] 褚晓杰，高磊，印永华，等．基于频域子空间辨识和集结理论的广域阻尼控制安装地点与控制信号选取 [J]．中国电机工程学报，2015，35（18）：4625-4634.

[32] 李安娜，吴熙，蒋平，等．基于形态滤波和 Prony 算法的低频振荡模式辨识的研究 [J]．电力系统保护与控制，2015，43（3）：137-142.

[33] 李宁，孙永辉，卫志农，等．基于 Wirtinger 不等式的电力系统延时依赖稳定判据 [J]．电力系统自动化，2017，41（2）：108-113.

[34] 虞忠明．含时变时滞的电力系统稳定与控制研究 [J]．计算机仿真，2016，33（12）：132-137.

[35] 高超，钱伟．广域时滞电力系统控制器的优化算法及其应用 [J]．电子测量技术，2016，39（5）：70-74，79.

［36］樊东. 面向随机时滞的电力系统稳定器网络化控制研究［D］. 成都：西南交通大学, 2015.

［37］杨博. 广域测量系统信息时延建模与时延补偿方法研究［D］. 杭州：浙江大学, 2016.

［38］CHAUDHURI B, MAJUMDER R, PAL B C. Wide-Area Measurement-Based Stabilizing Control of Power System Considering Signal Transmission Delay［J］. IEEE Transactions on Power Systems, 2004, 19（4）：1971-1979.

［39］张合新, 惠俊军, 周鑫, 等. 基于时滞分割法的区间变时滞不确定系统鲁棒稳定新判据［J］. 控制与决策, 2014, 29（5）：907-912.

［40］钱伟, 蒋鹏冲. 时滞电力系统带记忆反馈控制方法［J］. 电网技术, 2017, 41（11）：3605-3611.

［41］姜涛. 基于广域量测信息的电力大系统安全性分析与协调控制［D］. 天津：天津大学, 2015.

［42］关琳燕, 周洪, 胡文山. 基于 Hamilton 理论的广域非线性时滞多机电力系统的稳定与控制［J］. 电力系统保护与控制, 2016, 44（19）：17-24.

［43］张佳怡. 考虑时滞的广域电力系统阻尼控制［D］. 北京：华北电力大学, 2017.

［44］叶东. 基于卡尔曼滤波算法的电力系统时滞信号补偿技术研究［D］. 杭州：浙江工业大学, 2019.

［45］霍健. 考虑时滞的电力系统特征值计算与阻尼控制器设计［D］. 济南：山东大学, 2013.

［46］袁野, 程林, 孙元章. 考虑时延影响的互联电网区间阻尼控制［J］. 电力系统自动化, 2007（8）：12-16.

［47］贾宏杰, 姜涛, 姜懿郎, 等. 电力系统时滞稳定域临界点的快速搜索新方法［J］. 电力系统自动化, 2013, 37（6）：30-36.

［48］李婷. 基于广域测量技术的时滞电力系统稳定性分析与控制设计［D］. 长沙：中南大学, 2013.

［49］YAO W, JIANG L, WU Q H, et al. Delay-dependent stability analysis ofthe power system with a wide-area damping controller embedded［J］. IEEE Transactions on Power Systems, 2011, 26（1）：233-240.

［50］卢昱, 吴华仁, 李晓慧. 运用细菌群体趋药性优化的电力系统广域阻尼控制［J］. 电力系统保护与控制, 2010, 38（15）：7-11.

［51］马燕峰, 张佳怡, 蒋云涛, 等. 计及广域信号多时滞影响的电力系统附加鲁棒阻尼控制［J］. 电工技术学报, 2017, 32（6）：58-66.

［52］张子泳, 胡志坚, 胡梦月, 等. 含风电的互联电力系统时滞相关稳定性分析与鲁棒阻尼控制［J］. 中国电机工程学报, 2012, 32（34）：8-16.

［53］葛景, 都洪基, 马进, 等. 基于相关辨识法的大型光伏电站广域阻尼控制器设计［J］. 现代电力, 2017, 34（3）：76-81.

［54］盛立健, 孙军, 王海龙, 等. 智能电网环境下分布式阻尼控制器设计［J］. 中国电力, 2017, 50（1）：67-73.

[55] 阿布德哈伊·撒拉姆，欧姆·马利克．电力系统稳定性：建模、分析与控制［M］．李勇，曹一家，蔡晔，等译，北京：机械工业出版社，2018.

[56] DEHGHANI M, NIKRAVESH S K Y. State-space model parameter identification in large-scale power systems［J］. IEEE Transactions on Power Systems, 2008, 23（3）：1449−1457.

[57] 于淼，尚伟鹏，袁志昌，等．基于迭代辨识方法的含风电多干扰电力系统阻尼控制［J］.电力系统自动化，2017，41（23）：61−67.

[58] 赵庆周，李勇，田世明，等．基于智能配电网大数据分析的状态监测与故障处理方法［J］.电网技术，2016，40（3）：774−780.

[59] 刘福潮，邢晶，王维洲，等．电力系统低频振荡综合预警方法研究［J］.电力安全技术，2015，17（8）：29−34.

[60] 贾鹤鸣，李瑶，孙康健．基于遗传乌燕鸥算法的同步优化特征选择［J］.自动化学报，2022（6）：1601−1615.

[61] http：//web. eecs. utk. edu/~kaisun/Oscillation/actualcases. html.

[62] BREUNING M M, KRIEGEL H P, RAYMOND T N, et al. LOF：Identifying density-based local outlier［C］// Proc of ACM Sigmod International Conference on Management of Data. May 16, 2000, ACM Press, New York：93−104.

[63] 孙新程，孔建寿，刘钊．基于核主成分分析与改进神经网络的电力负荷中期预测模型［J］.南京理工大学学报（自然科学版），2018，42（3）：259−265.

[64] 于淼，陈杰，窦丽华，等．一种新的倒 GPS 基站间的时钟同步方法［J］.系统工程与电子技术，2009，31（7）：1710−1714.

[65] 古丽扎提·海拉提，王杰．多时滞广域测量电力系统稳定分析与协调控制器设计［J］.电工技术学报，2014，29（2）：279−289.

[66] 张茂元，卢正鼎．基于李雅普诺夫函数的 BP 神经网络算法的收敛性分析［J］.小型微型计算机系统，2004（1）：93−95.

[67] MASLENNIKOV S, WANG B, QIANG. Z, et al. A Test Cases Library for Methods Locating the Sources of Sustained Oscillations［C］//IEEE Pes General Meeting, Boston, MA, July 17−21, 2016.

[68] 吴小辰，陆超，贺静波，等．直流广域自适应阻尼控制器设计与 RTDS 实验［J］.电力系统自动化，2007（15）：11−16.

[69] 于淼，路昊阳．基于 ε-权衡"阻尼-时滞"电力系统广域阻尼控制［J］.中国电力，2018，51（12）：80−87.

[70] CHUNYAN L, YUANZHANG S, XIANGYI C, et al. Selection of Global Input Signals for Wide-area PSS to Damp Inter area Oscillations in Multi-machine Power Systems［C］// Asia-pacific Power & Energy Engineering Conference, IEEE, 2010.

[71] 杨林超，应超楠，徐政，等．大规模交直流混联电网 RTDS 快速建模方法［J］.电力自动化设备，2019，39（9）：192−198.

[72] 刘庆程，郭琦，赵晋泉，等．基于 RTDS 的南方电网失步解列策略可靠性研究［J］.现代电力，2013，30（3）：23−27.

附　录

J_i 和 D_i ——转子惯性和阻尼因子；

T'_{doi} ——直轴瞬变时间常数；

x_{di} ——直轴电抗；

x'_{di} ——直轴瞬变电抗；

δ_i ——发电机功率角，单位为 rad；

ω_i ——发电机的相对速度，单位为 rad/s；

E_{fi} ——励磁线圈中的等效电动势；

E'_{qi} ——交轴瞬态电动势；

E_{qi} ——交轴电动势；

P_{mi} ——发电机机械输入功率；

P_{ei} ——发电机提供的有功功率；

Q_{ei} ——发电机无功功率；

I_{di} 和 I_{qi} ——直流和交轴定子电流；

I_{fi} ——发电机励磁电流；

x_{adi} ——励磁线圈与定子线圈之间的互抗。

$$p_{1i} = \frac{1}{J_i} \sum_{j=1,\ j \neq i}^{n} E'_{qio} \cdot E'_{qjo} \cdot GS_{ijo}$$

$$p_{2i} = -\frac{D_i}{J_i} - \frac{2G_{ii}E'_{qio}}{J_i} - \frac{1}{J_i}$$

$$p_{3i} = \sum_{j=1,\ j \neq i}^{n} E'_{qjo} \cdot BS_{ijo}$$

$$p_{4i} = -\frac{x_{di} - x'_{di}}{T'_{doi}} \sum_{j=1,\ j \neq i}^{n} E'_{qjo} \cdot BS_{ijo}$$

$$p_{5i} = -\frac{1}{T'_{doi}} + \frac{x_{di} - x'_{di}}{T'_{doi}} \cdot B_{ii}$$